高职高专"十二五"规划教材

国家骨干高职院校建设"冶金技术"项目成果

铝及铝合金加工技术

主编 孙志敏 曹新胜 陈 炜

北 京

冶金工业出版社

2013

内 容 提 要

本书以铝及铝合金加工工艺和生产操作为主线，以铝及铝合金加工方法为载体，划分为四个学习情境：高精铝的加工生产，铝合金消失模铸造生产，铝合金压力铸造生产，铝合金挤压生产。全书内容全面，注重生产工艺流程、设备使用方法和生产操作技能的讲解，同时介绍必备的理论知识，使学生掌握铝及铝合金材料的实际生产工艺和主要技术，培养学生的设备使用能力及铝产品加工生产能力。

本书为高职院校材料加工类专业教材，也可供相关企业的技术人员参考。

图书在版编目(CIP)数据

铝及铝合金加工技术/孙志敏，曹新胜，陈炜主编 . —北京：冶金工业出版社，2013.12
高职高专"十二五"规划教材　国家骨干高职院校建设"冶金技术"项目成果
ISBN 978-7-5024-6557-5

Ⅰ.①铝…　Ⅱ.①孙…　②曹…　③陈…　Ⅲ.①铝合金—金属加工—高等职业教育—教材　Ⅳ.①TG146.2

中国版本图书馆 CIP 数据核字(2014)第 030409 号

出 版 人　谭学余
地　　址　北京北河沿大街嵩祝院北巷 39 号，邮编 100009
电　　话　(010)64027926　电子信箱　yjcbs@ cnmip. com. cn
责任编辑　宋　良　美术编辑　杨　帆　版式设计　葛新霞
责任校对　郑　娟　责任印制　李玉山
ISBN 978-7-5024-6557-5
冶金工业出版社出版发行；各地新华书店经销；北京百善印刷厂印刷
2013 年 12 月第 1 版，2013 年 12 月第 1 次印刷
787mm×1092mm　1/16；9.75 印张；230 千字；144 页
20.00 元
冶金工业出版社投稿电话：(010)64027932　投稿信箱：**tougao@cnmip. com. cn**
冶金工业出版社发行部　电话：(010)64044283　传真：(010)64027893
冶金书店　地址：北京东四西大街 46 号(100010)　电话：(010)65289081(兼传真)
（本书如有印装质量问题，本社发行部负责退换）

序

2010 年 11 月 30 日我院被国家教育部、财政部确定为"国家示范性高等职业院校"骨干高职院校立项建设单位。在骨干院校建设工作中，学院以校企合作体制机制创新为突破口，建立与市场需求联动的专业优化调整机制，形成了适应自治区能源、冶金产业结构升级需要的专业结构体系，构建了以职业素质和职业能力培养为核心的课程体系，校企合作完成专业核心课程的开发和建设任务。

学院冶金技术专业是骨干院校建设项目之一，是中央财政支持的重点建设专业。学院与内蒙古大唐国际再生资源开发有限公司共建"高铝资源学院"，合作培养利用高铝粉煤灰的"铝冶金及加工"方向的高素质高级技能型专门人才；同时逐步形成了"校企共育，分向培养"的人才培养模式，带动了钢铁冶金、稀土冶金、材料成型等专业及其方向的建设。

冶金工业出版社集中出版的这套教材，是国家骨干高职院校建设"冶金技术"项目的成果之一。书目包括校企共同开发的"铝冶金及加工"方向的核心课程和改革课程，以及各专业方向的部分核心课程的工学结合教材。在教材编写过程中，面向职业岗位群任职要求，参照国家职业标准，引入相关企业生产案例，校企人员共同合作完成了课程开发和教材编写任务。我们希望这套教材的出版发行，对探索我国冶金职业教育改革的成功之路，对冶金行业高技能人才的培养，能够起到积极的推动作用。

这套教材的出版得到了国家骨干高职院校建设项目经费的资助，在此我们对教育部、财政部和内蒙古自治区教育厅、财政厅给予的资助和支持，对校企双方参与课程开发和教材编写的所有人员表示衷心的感谢！

内蒙古机电职业技术学院　院长　张玉清

2013 年 10 月

前　言

本书系根据教育部骨干院校建设最新规划要求，结合多所高职院校课程建设的最新成果，并根据我院"铝及铝合金加工技术"课程标准，组织专业骨干教师及企业专业技术人员共同编写而成，可作为高职高专院校冶金技术、材料成型与控制技术等专业的通用教材，也可供企业技术人员选用或参考。

在编写过程中力求体现职业教育的特色，同时结合我院课改成果，以铝及铝合金加工工艺和生产操作为主线，铝及铝合金加工方法为载体，通过铝的加工、铝合金的消失模铸造生产等多个学习情境的学习，学生可以掌握铝及铝合金材料的实际生产工艺和关键技术，初步具备设备使用能力及铝产品加工生产能力，同时提高交流沟通、团队合作、爱岗敬业及构建知识结构的能力，为毕业后更好地适应企业实际生产岗位发展的需要奠定基础。

本课程的实施过程要求以学生自主学习为主，教师的讲授与辅导为辅，整个学习过程为工学交替、任务驱动的教学模式。

本书由孙志敏、曹新胜、陈炜任主编，孙志敏统稿。学习情境 1 由内蒙古机电职业技术学院陈炜、王强编写；学习情境 2 由内蒙古机电职业技术学院孙志敏、孙志娟编写；学习情境 3 由内蒙古机电职业技术学院孙志敏、王建国编写；学习情境 4 由内蒙古光太铝业有限公司曹新胜和内蒙古机电职业技术学院王建国编写。

在编写和审稿过程中，许多来自企业生产一线的技术人员对教材提出了宝贵建议，在此表示衷心感谢。

由于水平所限，编写时间紧迫，书中难免存在疏漏、不妥之处，诚请读者批评指正。

编　者
2013 年 10 月

前　言

目　录

学习情境 1　高精铝的加工生产

任务 1.1　铝精炼与高纯度铝生产

【任务描述】

　　了解三层液电解法制取高纯铝和偏析法制取高纯铝的工业生产工艺及流程，并在此过程中学习相关知识与实际操作技能。

【学习目标】

　　(1) 能根据铝的纯度进行分类，并熟知每类特点及用途；

　　(2) 掌握铝合金各元素对铝物化性能的影响；

　　(3) 掌握铝液净化和晶粒细化的基本方法和原料配比。

1.1.1　铝的纯度分类

纯铝按其纯度分为高纯铝、工业高纯铝和工业纯铝三类。

1.1.1.1　高纯铝

通常把纯度（铝含量）高于 99.8% 的纯铝称为高纯铝（High purity aluminium）。它是以优质精铝为原料，采用定向凝固提炼法生产的。高纯铝又可细分为次超高纯铝（铝含量 99.5% ~99.95%）、超高纯度铝（铝含量 99.996% ~99.999%）和极高纯度铝（铝含量达 99.999% 以上）。高纯铝呈银白色，表面光洁，具有清晰结晶纹，不含夹杂物；具有低的变形抗力、高的电导率及良好的塑性，主要用于科学研究、电子工业、化学工业及制造高纯合金、激光材料及一些其他特殊用途。产品一般以半圆锭或长板锭供货，每个半圆锭质量不小于 45kg；每个长板锭质量不大于 25kg，长板锭断面尺寸一般为 200mm×65mm，长度不大于 600mm.

高纯铝具有良好的延展性，通常可以碾压成极薄的铝箔或极细的铝丝，目前采用机械碾压方法可以制作厚度为 0.4μm 的独立铝箔，而采用电沉积方法则可制作厚度达到 7.5nm 的铝膜，但该铝膜必须依附在塑料基膜上。

1.1.1.2　工业高纯铝

工业高纯铝一般定为纯度 99.90% ~99.99% 的铝，我国定为纯度 99.85% ~99.90% 的铝。我国塑性变形加工工业高纯铝的牌号有 1A99（LG5）、1A97（LG4）、1A95、1A93（LG3）、1A90（LG2）、1A85（LG1）（括号前为新牌号，括号内为旧牌号），以 1A99 的纯度最高（99.99%），依次下降，1A85 的纯度为 99.85%；主要杂质为铁、硅和铜。

工业高纯铝除具有铝的一般特性外，由于纯度高，还另有一定特点：导电导热性能好，退火状态 20℃时的电导率为 64.5% IACS；经电解抛光的表面对可见光的反射率高，可达 85% ~90%；抗腐蚀性能和焊接性能极好；切削性能差；强度比工业纯铝低，并随冷变形量的增大而提高，以 1A99 为例，冷变形量 10% ~75% 时，$\sigma_b = 59 ~120MPa$，$\sigma_{0.2} = 57 ~115MPa$，$\zeta = 40\% ~50\%$。强度差别取决于晶粒的大小和杂质（铁、硅、铜）的含量。铝的纯度越高，再结晶温度越低，纯度不低于 99.99%，在 16℃ 即可发生再结晶，因之容易引起晶粒粗大化。此外，纯度较高的铝在熔炼时也容易受杂质污染。

工业高纯铝主要用于制作电解电容器用的阳极箔、电容器引线、集成电路导线、真空蒸发材料、超导体的稳定导体、磁盘合金和高断裂韧性铝合金的基体金属，以及在科研、化工等方面的特殊用途。

1.1.1.3　工业纯铝

工业纯铝实质上可以看做是含量很低的铝-铁-硅系合金。在杂质相中除了有针状硬脆的 $FeAl_3$ 和块状硬脆的硅质点外，还能形成两个三元相，当 $w(Fe) > w(Si)$ 时，形成 α（Fe2SiAl8）相；当 $w(Si) > w(Fe)$ 时，形成 β（FeSiAl5）相。两相都脆，后者对塑性的危害更大些。因此，一般在工业纯铝中都使 $w(Fe) > w(Si)$。当 $w(Fe) > w(Si)$ 时，还能缩小结晶温度区间和减小产生铸造裂纹倾向。当 $w(Fe)/w(Si) = 2 ~3$ 时，可生产出晶粒细小、有良好冲压性能的工业材料。需要指出的是，在工业纯铝中铁和硅多半以三元化合物形式存在，出现 $FeAl_3$ 和游离硅的机会很少。

工业纯铝具有铝的一般特点，密度低，导电、导热、抗腐蚀性能好；塑性加工性能好，可加工成板、带、箔和挤压制品等，可进行气焊、氩弧焊、点焊。工业纯铝不能经热处理强化，可通过冷变形提高强度，唯一的热处理形式是退火，再结晶开始温度与杂质含量和变形度有关，一般在 200℃ 左右。退火板材的 $\sigma_b = 80 ~100MPa$，$\sigma_{0.2} = 30 ~50MPa$，$\zeta = 35\% ~40\%$，布氏硬度（HB）为 25 ~30。经 60% ~80% 冷变形，虽然能提高到 150 ~180MPa，但 ζ 值却下降到 1% ~1.5%。增加铁、硅杂质含量能提高强度，但降低塑性、导电性和抗蚀性。

工业纯铝用途非常广泛，可做电工铝，如母线、电线、电缆、电子零件；可作换热器、冷却器、化工设备；烟、茶、糖等食品和药物的包装用品，啤酒桶等深冲制品；在建筑上作屋面板、天棚、间壁墙、吸音和绝热材料，以及家庭用具、炊具等。

铝的综合性能可归纳为下列 8 点：

（1）密度小且可强化。纯铝的密度接近 $2700kg/m^3$，约为铁的 35%。纯铝通过冷加工可使其强度提高一倍以上，而且可通过添加镁、锌、铜、锰、硅、锂、钪等元素合金化，再经过热处理进一步强化，其比强度可与优质的合金钢媲美。

（2）易加工。铝可用任何一种铸造方法铸造。铝的塑性好，可轧成薄板和箔，拉成管材和细丝，挤压成各种民用的型材；可以在大多数机床所能达到的最高速度下进行车、铣、镗、刨等机械加工。

（3）耐腐蚀而且导电、导热性好。铝及其合金的表面易生成一层致密、牢固的 Al_2O_3 保护膜。这层保护膜只有在卤素离子或碱离子的激烈作用下才会遭到破坏。因此，铝有很好的耐大气（包括工业性大气和海洋大气）腐蚀和水腐蚀的能力，能抵抗多数酸和有机物的腐蚀；采用缓蚀剂，可耐弱碱液腐蚀；采用保护措施，可提高铝合金的抗蚀能力。铝的导电、导热性能仅次于银、铜和金。

（4）无低温脆性。铝在零摄氏度以下，随着温度的降低，强度和塑性不仅不会降低，反而有所提高。

（5）美观且反射性强。铝的抛光表面对白光的反射率可达80%以上，纯度越高，反射率越高；同时，对红外线、紫外线、电磁波、热辐射等都有良好的反射性能。铝及其合金由于反射能力强，表面呈银白色光泽，经机加工后可达至很高的光洁度和光亮度。经阳极氧化和着色，可获得五颜六色、光彩夺目的铝制品。

（6）无磁性，冲击不生火花。

（7）有吸声性。

（8）耐核辐射。

1.1.2　铝中杂质元素的平衡

用拜耳法从铝土矿生产出的工业氧化铝中，杂质的含量相对于原料铝土矿来说大为减少。除了从碱液中带来的碱以外，杂质元素的分析值总量通常少于1%。其中主要杂质是SiO_2和Fe_2O_3。除了氧化铝给电解槽带来杂质外，炭阳极和熔剂冰晶石也带来不少杂质。炭阳极带来的杂质主要是铁和硅，冰晶石也是这样。

如果原料的杂质元素全部析出在原铝里，则所得铝的品位只有99.7% Al。然而，实际生产出来的铝却具有较高的品位99.8% Al。这种差别主要是由于杂质元素的蒸发造成的。铁、钛、磷、锌和镓从氧化铝来的占多数，而硅和钒则从炭阳极来的占多数。从熔剂来的杂质元素，以磷为多，约占总量的20%，其余硅、铁、钛和钒都很少。

平衡表的支出，硅和铁都超过了从原料带来的数量，其中硅超过60%左右，铁超过37%左右。电解槽的内衬材料，例如高灰分的槽底炭块和炭糊以及耐火材料，是这些杂质元素的另一个重要来源。此外，由于操作工具和阴极钢棒遭受侵蚀，使铁也进入了平衡。其余几种元素，收支接近平衡。

支出分配在原铝和废气中的杂质元素量是不一样的。蒸发量最大的是磷，占收入总量的72%；钒占64.4%，铁占62.4%，钛占57.7%，镓占49.6%，锌占19.7%；最小的是硅，仅占收入总量的13.3%。之所以如此，原因是有如下三点：

（1）硅和锌在电解质里以比较难蒸发甚至不蒸发的化合物形态存在，例如SiO_2、ZnO或ZnF_2。硅和锌明显地积累在铝液里。铝液被硅和锌污染的程度，主要由物料平衡中供入的硅化合物和锌化合物总量决定的。在这种情形下，槽罩的收集效率无关紧要。

（2）铁、镓、钛和镍至少部分地以挥发性化合物的形态存在于体系中。这些化合物大多是在进入电解质之后才生成的。可能的化合物是$Fe(CO)_5$、$Ni(CO)_4$、TiF_3、TiF_4和GaF_3等。如果槽罩的收集效率提高，则会在一定程度上影响铝的质量。

（3）钒和磷只以挥发性化合物形态存在。可能的化合物，首先是氟化物（VF_3和PF_3）和五氧化二磷（P_2O_5）。由于电解质中磷含量升高会影响电流效率，而铝中钒量增多则会降低铝的导电性能，因而可以预料到提高槽罩的收集效率会对原铝质量以及最佳生产效果方面带来损害。

1.1.3　铝中合金元素和杂质对性能的影响

1.1.3.1　铜元素

在 548℃温度下，铜在铝中的最大溶解度为 5.65%；温度降到 302℃时，铜的溶解度为 0.45%。铜是重要的合金元素，有一定的固溶强化效果，此外，时效析出的 $CuAl_2$ 有着明显的时效强化效果。铝合金中铜含量通常在 2.5% ~ 5%，铜含量在 4% ~ 6.8% 时强化效果最好，所以大部分硬铝合金的含铜量处于该范围内。

1.1.3.2　硅元素

Al-Si 合金系富铝部分在共晶温度 577℃时，硅在固溶体中的最大溶解度为 1.65%。尽管溶解度随温度降低而减少，这类合金一般是不能经热处理强化的。铝硅合金具有极好的性能和抗蚀性。

镁和硅同时加入铝中形成铝镁硅系合金，强化相为 MgSi。镁和硅的质量比为 1.73 : 1。设计 Al-Mg-Si 系合金成分时，基本上按此比例配置镁和硅的含量。为了提高强度，有的 Al-Mg-Si 合金需加入适量的铜，同时还需加入适量的铬以抵消铜对抗蚀性的不利影响。

Al-Mg_2Si 合金系合金平衡相图富铝部分 Mg_2Si 在铝中的最大溶解度为 1.85%，且随温度的降低而减小。

铝合金中，单独加入硅仅限于焊接材料。硅加入铝中亦有一定的强化作用。

1.1.3.3　镁元素

Al-Mg 合金系溶解度曲线表明，镁在铝中的溶解度随温度下降而大大地变小，但是在大部分工业用变形铝合金中，镁的含量均低于 6%，而硅含量也低。这类合金是不能经热处理强化的，但是可焊性良好，抗蚀性也好，并有中等强度。

镁对铝的强化是明显的，每增加 1% 镁，抗拉强度大约升高 34MPa。如果加入 1% 以下的锰，可能补充强化作用。因此加锰后可降低加镁量，同时可降低热裂倾向。另外，锰还可以使 Mg_5Al_8 化合物均匀沉淀，改善抗蚀性和焊接性能。

1.1.3.4　锰元素

Al-Mn 合金系平衡相图部分在共晶温度 658℃时，锰在固溶体中的最大溶解度为 1.82%。合金强度随溶解度增加不断增加，锰含量为 0.8% 时，伸长率达最大值。Al-Mn 合金是非时效硬化合金，即不可经热处理强化。

锰能阻止铝合金的再结晶过程，提高再结晶温度，并能显著细化再结晶晶粒。再结晶晶粒的细化，主要是通过 $MnAl_6$ 化合物弥散质点对再结晶晶粒长大起阻碍作用。$MnAl_6$ 的另一作用是能溶解杂质铁，形成（Fe，Mn）Al_6，减少铁的有害影响。

锰是铝合金的重要元素，可以单独加入形成 Al-Mn 二元合金，更多的是和其他合金元素一同加入，因此大多铝合金中均含有锰。

1.1.3.5　锌元素

Al-Zn 合金系平衡相图中显示，275℃时锌在铝中的溶解度为 31.6%，而在 125℃时其溶解度则下降到 5.6%。

锌单独加入铝中，在变形条件下对铝合金强度的提高十分有限，同时存在应力腐蚀开裂倾向，因而限制了它的应用。

在铝中同时加入锌和镁，形成强化相 Mg/Zn_2，对合金产生明显的强化作用。Mg/Zn_2 含量从 0.5% 提高到 12% 时，可明显增加抗拉强度和屈服强度。镁的含量超过形成 Mg/Zn_2 相所需超硬铝合金中，锌和镁的比例控制在 2.7 左右时，应力腐蚀开裂抗力最大。

如在 Al-Zn-Mg 基础上加入铜元素，形成 Al-Zn-Mg-Cu 系合金，其强化效果在所有铝合金中最大，其也是航天、航空、电力工业上重要的铝合金材料。

1.1.3.6　微量元素的影响

A　铁和硅

铁在 Al-Cu-Mg-Ni-Fe 系锻铝合金中，硅在 Al-Mg-Si 系锻铝中和在 Al-Si 系焊条及铝硅铸造合金中，均作为合金元素加入；在其他铝合金中，硅和铁是常见的杂质元素，对合金性能有明显的影响。它们主要以 $FeCl_3$ 和游离硅存在。在硅高于铁时，形成 β-$FeSiAl_3$（或 $Fe_2Si_2Al_9$）相；而铁高于硅时，形成 α-Fe_2SiAl_8（或 $Fe_3Si_2Al_{12}$）。当铁和硅比例不当时，会引起铸件产生裂纹，其在铝中含量过高，会使铸件产生脆性。

B　钛和硼

钛是铝合金中常用的添加元素，以 Al-Ti 或 Al-Ti-B 中间合金形式加入。钛与铝形成 $TiAl_2$ 相，成为结晶时的非自发核心，起细化铸造组织和焊缝组织的作用，Al-Ti 系合金产生包晶反应时，钛的临界含量约为 0.15%；如果有硼存在，则减少到 0.01%。

C　铬

铬在 Al-Mg-Si 系、Al-Mg-Zn 系、Al-Mg 系合金中是常见的添加元素。600℃ 时，铬在铝中溶解度为 0.8%；室温下基本上不溶解。

铬在铝中形成（CrFe）Al_7 和（CrMn）Al_{12} 等金属间化合物，阻碍再结晶的形核和长大过程，对合金有一定的强化作用，还能改善合金韧性和降低应力腐蚀开裂敏感性。但会增加淬火敏感性，使阳极氧化膜呈黄色。

铬在铝合金中的添加量一般不超过 0.35%，并随合金中过渡元素的增加而降低。

D　锶

锶是表面活性元素，在结晶学上锶能改变金属间化合物相的行为。因此，用锶元素进行变质处理，能改善合金的塑性加工性能和最终产品质量。由于锶的变质有效时间长、效果和再现性好等优点，近年来在 Al-Si 铸造合金中取代了钠的使用。对挤压用铝合金中加入 0.015% ~0.03% 锶，使铸锭中 β-AlFeSi 相变成 α-AlFeSi 相，减少了铸锭均匀化时间 60% ~70%，提高材料力学性能和塑性加工性；改善制品表面粗糙度。对于高硅（10% ~ 13%）变形铝合金中加入 0.02% ~0.07% 锶元素，可使初晶减少至最低限度，力学性能也显著提高，抗拉强度 σ_b 由 233MPa 提高到 236MPa，屈服强度 $\sigma_{0.2}$ 由 204MPa 提高到 210MPa，伸长率 δ_5 由 9% 增至 12%。在过共晶 Al-Si 合金中加入锶，能减小初晶硅粒子尺寸，改善塑性加工性能，可顺利地热轧和冷轧。

E　锆元素

锆也是铝合金的常用添加剂，在铝合金中加入量一般为 0.1% ~ 0.3%，锆和铝形成

$ZrAl_3$ 化合物，可阻碍再结晶过程，细化再结晶晶粒。锆亦能细化铸造组织，但比钛的效果差。有锆存在时，会降低钛和硼细化晶粒的效果。在 Al-Zn-Mg-Cu 系合金中，由于锆对淬火敏感性的影响比铬和锰小，因此宜用锆来代替铬和锰细化再结晶组织。

F　杂质元素

稀土元素加入铝合金中，使铝合金熔铸时增加成分过冷，细化晶粒，减少二次晶间距，减少合金中的气体和夹杂，并使夹杂相趋于球化；还可降低熔体表面张力，增加流动性，有利于浇注成锭，对工艺性能有明显的影响。

各种稀土加入量以摩尔分数计约为 0.1% 为好。混合稀土（La-Ce-Pr-Nd 等混合）的添加，使 Al-0.65% Mg-0.61% Si 合金时效 G·P 区形成的临界温度降低。含镁的铝合金能激发稀土元素的变质作用。

1.1.4　铝液净化和晶粒细化

1.1.4.1　铝液净化

铝液净化的目的是排除铝合金熔液中的气体和夹杂物。研究结果表明，铝液中的气体成分主要是氢气（80%～90%），其余是氮气、氧气、一氧化碳等。生产中使用的任何工具、熔剂等，虽经烘干，但相对铝液来说仍是潮湿的，还会使其吸氢。氢以两种方式存在于铝液中：（1）约 90% 的氢分解为原子状态溶解于铝液中，称溶解型；（2）约 10% 的氢以分子状态气泡形式吸附于夹杂物的表面或缝隙中，称吸附型。铝液中的含气量，主要是指其含氢量。

铝液中的夹杂物除来自炉料外，还来自熔化浇注过程中铝与氧反应所形成的氧化物（Al_2O_3）。铝液表面有一层氧化膜，接近熔点时，不仅厚度增加，而且结构也发生变化。面向铝液的一侧是致密的，对铝液有保护作用。但背向铝液的一侧则是疏松的，内部形成大量微小的孔，并被氢、空气、水气所充满。如果将液膜搅入铝液中. 不仅使铝液增加了夹杂物，同时也增加了气体。

消除铝铸件中气孔和夹杂物的工艺原则，有人概括为"防、排、溶"，是比较科学的，并具有可操作性：

"防"——要精选熔化使用的炉料，严防水气及各种污物进入熔炉中。

"排"——采用精炼剂净化铝液，排除铝液中的氢气和氧化夹杂物。

"溶"——就是使铝液中的氢在凝固时，能够部分地甚至全部地固溶在合金组织内，不致以气孔的形式存在于铸件中。当采用金属型铸造、压铸、低压铸造、负压铸造、挤压铸造等工艺时，即使品质较差的铝液，也能获得无气孔的合格铸件。

正确安排和执行"防、排、溶"工艺措施，应贯彻以"防"为主的方针，并落实到具体的熔炼操作上。实践证明，如果炉料夹杂物很多，操作工具潮湿不干净，即使采用最好的精炼方法，效果也甚微。在以"防"为主的前提下，选择合理的精炼方法是关键，以排除铝液中的气体和氧化夹杂物，达到净化铝液的目的。目前国内外精炼方法众多，按作用机理，基本上分为两大类：第一类是吸附精炼——采用氯盐和其他熔剂，或通氧气和氮气（称浮游法）；采用活性或非活性介质进行过滤（称过滤法）。第二类是非吸附精炼——利用真空熔炼、真空处理、超声波处理等。如果同时使用两种以上的精炼方法，则称为联合精炼。上述的非吸附精炼需要依靠设备（如真空装置）来保证，不易普遍使用，所以目前的重点还是在吸附精炼的精炼剂选择和加入铝液的方法方面进行研究探讨，以获得更佳的效果。

1.1.4.2　晶粒细化

理想的铸锭组织是铸锭整个截面上具有均匀、细小的等轴晶，这是因为等轴晶各向异性小，加工时变形均匀、性能优异、塑性好，利于铸造及随后的塑性加工。要得到这种组织，通常需要对熔体进行细化处理。凡是能促进形核、抑制晶粒长大的处理，都能细化晶粒。铝工业生产中常用以下三种方法。

A　控制过冷度

形核率和长大速度都与过冷度有关。过冷度增加，形核率与长大速度都增加，但两者的增加速度不同，形核率的增长率大于长大速度的增长率。在一般金属结晶时的过冷范围内，过冷度越大，晶粒越细小。铝及铝合金铸锭生产中增加过冷度的方法主要有降低铸造速度、提高液态金属的冷却速度、降低浇注温度等。

B　动态晶粒细化

动态晶粒细化就是对凝固的金属进行振动和搅动，一方面依靠从外面输入能量，促使晶核提前形成；另一方面使成长中的枝晶破碎，增加晶核数目。目前已采取的方法有机械搅拌、电磁搅拌、音频振动及超声波振动等。利用机械或电磁感应法搅动液穴中的熔体，增加了熔体与冷凝壳的热交换，液穴中熔体温度降低，过冷带增大，破碎了结晶前沿的骨架，出现了大量可作为结晶核的枝晶碎块，从而使晶粒细化。

C　变质处理

变质处理是向金属液中添加少量活性物质，促进液体金属内部生核或改变晶体成长过程的一种方法，生产中常用的变质剂有形核变质剂和吸附变质剂。

形核变质剂的作用机理是向铝熔体中加入一些能够产生非自发晶核的物质，使其在凝固过程中通过异质形核而达到细化晶粒的目的。

要求所加入的变质剂或其与铝反应生成的化合物具有以下特点：晶格结构和晶格常数与被变质熔体相适应；稳定；熔点高；在铝熔体中分散度高，能均匀分布在熔体中；不污染铝合金熔体。变形铝合金一般选含 Ti、Zr、B、C 等元素的化合物作晶粒细化剂，其化合物特征见表 1-1。

表 1-1　铝熔体中常用细化质点特征

名　称	密度/g·cm^{-3}	熔点/℃
TiAl$_3$	3.11	1337
TiB$_2$	3.2	2920
TiC	3.4	3147

Al-Ti 是传统的晶粒细化剂，Ti 在 Al 中包晶反应生成 TiAl$_3$。TiAl$_3$ 与液态金属接触的 (001) 和 (011) 面是铝凝固时的有效形核基面，增加了形核率，从而使结晶组织细化。

Al-Ti-B 是目前国内公认的最有效的细化剂之一。Al-Ti-B 与 Re、Sr 等元素共同作用，其细化效果更佳。

在实际生产条件下，受各种因素影响，TiB_2 质点易聚集成块。尤其是在加入时，由于熔体局部温度降低，导致加入点附近熔体变得黏稠，流动性差，使 TiB_2 质点更易聚集形成夹杂，影响净化、细化效果。TiB_2 质点除本身易偏析聚集外，还易与氧化膜或熔体中存在的盐类结合造成夹杂。7 系合金中的 Zr、Cr、V 元素还可以使 TiB_2 失去细化作用，造成粗晶组织。

由于 Al-Ti-B 存在以上不足，于是人们寻求更为有效的变质剂。近年来，不少厂家致力于 Al-Ti-C 变质剂的研发。

a　变质剂的加入方式

（1）以化合物形式加入，如 K_2TiF_6、KBF_4、$KZrF_6$、$TiCl_4$、BCl_3 等。经过化学反应，被置换出来的 Ti、Zr、B 等，再重新化合而形成非自发晶核。这些方法虽然简单，但效果不理想。反应中生成的浮渣影响熔体质量，同时再次生成的 $TiCl_3$、KB_2、$ZrAl_3$ 等质点易聚集，影响细化效果。

（2）以中间合金形式加入。目前工业用细化剂大多以中间合金形式加入，如 Al-Ti、Al-Ti-B、Al-Ti-C、Al-Ti-B-Sr、Al-Ti-B-RE 等。中间合金制成块状或线状。

b　影响细化效果的因素

（1）细化剂的种类。细化剂不同，细化效果也不同。实践证明，Al-Ti-B 比 Al-Ti 更为有效。

（2）细化剂的用量。一般来说，细化剂加入越多，细化效果越好。但细化剂加入过多易使熔体中金属间化合物增多并聚集，影响熔体质量。因此在满足晶粒度的前提下，杂质元素加入得越少越好。从包晶反应的观点出发，为了细化晶粒，Ti 的添加量应高于 0.15%。但在实际变形铝合金中，其他组元（如 Fe）以及自然夹杂物（如 Al_2O_3）亦起着形成晶核的作用，一般只须加入 0.01% ~ 0.06% 便足够了。

熔体中 B 含量与 Ti 含量有关。要求 B 与 Ti 形成 TiB_2 后熔体中有过剩 Ti 的存在。

在使用 Al-Ti-B 作为晶粒细化剂时，500 个 TiB_2 粒子中有一个使 α-Al 成核，TiC 的形核率是 TiB_2 的 100 倍，因此一般将加入 TiC 质点数量定为 TiB_2 质点数量的 50% 以下。粒子越少，每个粒子的形核机会就越高，同时也可防止粒子碰撞、聚集和沉淀。此外，TiC 质量分数在 0.001% ~ 0.010% 之间时，晶粒细化就相当有效。

（3）细化剂质量。细化质点的尺寸、形状和分布是影响细化效果的重要因素。质点尺寸小，比表面积小（以点状、球状最佳），在熔体中弥散分布，则细化效果好。以 $TiAl_3$ 为例，块状 $TiAl_3$ 比针状 $TiAl_3$ 细化效果好，这是因为块状 $TiAl_3$ 有三个面面向熔体，形核率高。

（4）细化剂添加时机。$TiAl_3$ 质点在加入熔体后 10min 效果最好，40min 后细化效果衰退。TiB_2 质点的聚集倾向随时间的延长而加大，TiC 质点随时间延长易分解。因此，细化剂最好在铸造前在线加入。

（5）细化剂加入时的熔体温度。随着温度的提高，$TiAl_3$ 逐渐溶解，细化效果变差。

c　吸附变质剂

吸附变质剂的优点是熔点低，能显著降低合金的液相线温度，原子半径大，在合金中固溶量小，在晶体生长时富集在相界面上，阻碍晶体长大，又能形成较大的成分过冷，使晶体分枝形成细的缩颈而易于熔断，促进晶体的游离和晶核的增加；其缺点是由于存在于枝晶和晶界间，常引起热脆。常用的吸附变质剂有以下几种。

d　含钠变质剂

钠是变质共晶硅最有效的变质剂，生产中可以钠盐或纯金属形式加入（但以纯金属形式加入时可能分布不均，生产中很少采用）。钠混合盐组成为 NaF、NaCl、Na_3AlF_6 等，变质过程中只有 NaF 起作用，其反应如下：

$$6NaF + Al \longrightarrow Na_3AlF_6 + 3Na$$

加入混合盐的目的，一方面是降低混合物的熔点（NaF 熔点 992℃），提高变质速度和效果；另一方面是对熔体中钠进行熔剂化保护，防止钠的烧损。熔体中钠质量分数一般控制在 0.01% ~ 0.014%。考虑到实际生产条件下不是所有的 NaF 都参与反应，因此计算时钠的质量分数可适当提高，但一般不应超过 0.02%。

使用钠盐变质时，存在以下缺点：钠含量不易控制，量少易出现变质不足，量多可能出现过变质（恶化合金性能，夹杂倾向大，严重时恶化铸锭组织）；钠变质有效时间短，要加保护性措施（如合金化保护、熔剂保护等）；变质后炉内残余钠对随后生产合金的影响很大，造成熔体黏度高，增加合金的裂纹和拉裂倾向，尤其对高镁合金的钠脆影响更大；NaF 有毒，有害操作者的健康。

e　含锶变质剂

含锶变质剂有锶盐和中间合金两种。锶盐的变质效果受熔体温度和铸造时间影响大，应用很少。目前国内应用较多的是 Al-Sr 中间合金。与钠盐变质剂相比，锶变质剂无毒，具有长效性，它不仅细化初晶硅，还有细化共晶硅团的作用，对炉子污染小。但使用含锶变质剂时，锶烧损大，要加含锶盐类熔剂保护，同时合金加入锶后吸气倾向增加，易造成最终制品气孔缺陷。

锶的加入量受下面各因素影响很大：熔剂化保护程度好，锶烧损小，锶的加入量少；铸件规格小，锶的加入量少；铸造时间短，锶烧损小，加入量少；冷却速度高，锶的加入量少。生产中锶的加入量应由试验确定。

f　其他变质剂

（1）钡对共晶硅具有良好的变质作用，且变质工艺简单、成本低，但对厚壁件变质效果不好。

（2）锑对 Al-Si 合金也有较好的变质效果，但对缓冷的厚壁铸件变质效果不明显。此外，对部分变形铝合金而言，锑是有害杂质，须严加控制。

最近的研究发现，不只晶粒度影响铸锭的质量和力学性能，枝晶的细化程度及枝晶间的疏松、偏析、夹杂对铸锭质量也有很大影响。枝晶的细化程度主要取决于凝固前沿的过冷，这种过冷与铸造结晶速度有关。靠近结晶前沿区域的过冷度越大，结晶前沿越窄，晶粒内部结构就越小。在结晶速度相同的情况下，枝晶细化程度可采用吸附性变质剂加以改变，形核变质剂对晶粒内部结构没有直接影响。

1.1.5　三层液电解法制取高纯铝

三层液电解精炼法是 1901 年美国首先提出的，1922 年使用电解质操作成功。1932年，法国开发出低熔点的氟化物的混合电解质，并成功地制出 99.99% 的高纯铝。日本住友化学公司于 1941 年独立开发出氟化物电解质，开始制造 99.99% 的高纯铝。

三层液电解精炼法是利用精铝、电解质和阳极合金的密度差形成液体分层，在直流电的作用下，熔体中发生电化学反应即阳极合金中的铝进行电化学溶解，生成 Al^{3+} 离子：

$$Al - 3e \Longrightarrow Al^{3+}$$

Al^{3+} 离子进入电解液以后，在阴极上放电，生成金属铝

$$Al^{3+} + 3e \Longrightarrow Al$$

铝合金中 Cu、Si、Fe 等元素不溶解，在一定浓度范围内仅积聚在阳极合金中，这是由于其电位均正于铝。而合金中的杂质如 Na、Ca、Mg 进入电解液并积聚起来，在一定浓度、温度与电流密度下，这些杂质不会在阴极上放电。这样在阴极上就得到纯度较高的铝。

三层液电解精炼槽结构如图 1-1 所示。

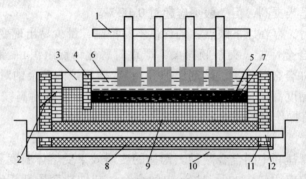

图 1-1　三层液电解精炼槽结构示意图

1—阴极母线；2—磁砖内衬；3—初金属加料孔；4—磁砖隔壁；
5—阴极；6—高纯度铝；7—电解质；8—阳极；9—阳极合金；
10—地坑；11—铜铁外壳；12—阳极导体

在我国，三层液电解精炼普遍采用的生产工艺流程如图 1-2 所示。

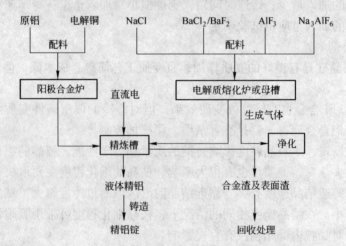

图 1-2　三层液电解精炼普遍采用的生产工艺流程

1.1.6　偏析法制取高纯铝

1.1.6.1　偏析法的基本原理

偏析法的提纯效果与杂质元素的平衡分配系数有关。所谓平衡分配系数 K，指在一定

温度下，杂质元素在固相中的浓度 C_S 和在与其相平衡的液相中的浓度 C_L 之比，即 $K = C_S/C_L$。

当 $K < 1$ 时，杂质元素在液相中富集。

当 $K > 1$ 时，杂质元素在固相中富集。

当 $K \approx 1$ 时，说明杂质元素在固相和液相中的浓度相近，难以用此方法分离。

1.1.6.2 分步结晶法

此精炼技术包括的主要环节有：1）加热熔化原铝；2）在冷却面产生出微小初晶；3）挤压初晶；4）加热重熔，再次结晶。此方法的特点是所得产品的杂质非常低，其原因是第 4 项的再熔解、再结晶所致。

图 1-3 所示为彼施涅公司分步结晶精炼装置示意图。把待精炼的原铝装入石墨坩埚 10，加热熔化，再往石墨冷却管 6 通入冷却气体 1，则在冷却装置周围结晶出初晶 11；然后使石墨塞 5 做上下运动，刮下冷却管周围的初晶，再用石墨塞往下施加压力，将晶粒间的铝液挤压到上方，并使小晶粒凝结成大晶粒，然后加热使之重熔。如此反复操作，可使原铝量的 80% 得到精炼，纯度由 99.8% ～ 99.9% 提高到 99.98% ～ 99.99%。

1.1.6.3 定向凝固法

定向凝固法主要通过使冷却面连续凝固来制取高纯度铝，按不同的冷却、凝固方式可分为：1）侧壁凝固法；2）冷却管凝固法；3）上部凝固拉晶法；4）底部凝固法；5）横向拉晶法等。

定向凝固法与分步结晶法相比，都是利用金属凝固时的偏析现象提纯金属，但其精炼效率较低，通常需要同一工序重复进行才能得到预期产品。

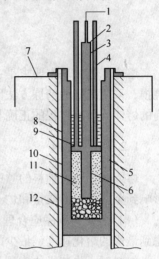

图 1-3 分步结晶精炼装置示意图

1—冷却气体；2—气体排出口；
3—冷却用气体导管；4—石墨棒；
5—石墨塞；6—石墨冷却管；
7—垂直炉；8—绝热层；
9—铝液；10—石墨坩埚；
11—结晶小晶粒；12—大晶粒

任务 1.2 铝棒、板材的连铸生产

【任务描述】

熟悉根据铝棒、板材生产工艺规程，并能掌握各工序的基本操作。

【学习目标】

（1）掌握铝合金的一般熔炼工艺和基本要求；

（2）掌握铝液的成分要求与化验的基本技能；

（3）铸造主要设备和典型产品的铸造工艺。

1.2.1　铝液的准备

铝合金的一般熔炼工艺过程如图 1-4 所示。

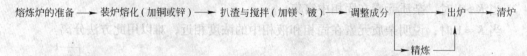

图 1-4　铝合金的一般熔炼工艺过程

熔炼工艺的基本要求是：尽量缩短熔炼时间，准确地控制化学成分，尽可能减少熔炼烧损，采用最好的精炼方法以及正确地控制熔炼温度，以获得化学成分符合要求且纯洁度高的熔体。熔炼过程的正确与否，与铸锭的质量及以后加工材的质量密切相关。

1.2.1.1　装料

熔炼时，装入炉料的顺序和方法不仅关系到熔炼时间、金属的烧损、能源消耗，还会影响到金属熔体的质量和炉子的使用寿命。装料的原则为：

（1）装炉料顺序应合理。正确的装料要根据所加入炉料性质与状态而定，而且还应考虑到最快的熔化速度、最少的烧损以及准确的化学成分控制。

加料时，先装小块或薄片废料，铝锭和大块料装在中间，最后装中间合金。熔点低、易氧化的中间合金装在中下层，高熔点的中间合金装在最上层。所装入的炉料应当在熔池中均匀分布，防止偏重。

小块或薄板料装在熔池下层可减少烧损，同时还可保护炉体免受大块料的直接冲击而损坏。中间合金有的熔点高，装在上层，由于炉内上部温度高，容易熔化，也有充分的时间扩散；使中间合金分布均匀，则有利于熔体的成分控制。炉料装平，各处熔化速度相差不多，这样可以防止偏重时造成的局部金属过热。炉料应尽量一次入炉，二次或多次加料会增加非金属夹杂物及含气量。

（2）对于质量要求高的产品（包括锻件、模锻件、空心大梁和大梁型材等）的炉料，除上述的装料要求外，在装料前必须向熔池内撒 20 ~ 30kg 粉状熔剂，在装炉过程中对炉料要分层撒粉状熔剂，这样可提高熔体的纯净度，也可减少烧损。

（3）电炉装料时，应注意炉料最高点距电阻丝的距离不得少于 100mm，否则容易引起短路。

1.2.1.2　熔化

炉料装完后即可升温熔化。熔化是炉料从固态转变为液态的过程。这一过程的好坏，对产品质量有决定性的影响。

　A　覆盖

熔化过程中，随着炉料温度的升高，特别是当炉料开始熔化后，金属外层表面所覆盖的氧化膜很容易破裂，将逐渐失去保护作用。气体在这时候很容易侵入，造成内部金属的进一步氧化。并且已熔化的液滴或液流要向炉底流动，当液滴或液流进入底部汇集起来时，其表面的氧化膜就会混入熔体中。为了防止金属进一步氧化和减少进入熔体中的氧化膜，在炉料软化下塌时，应适当向金属表面撒上一层粉状熔剂覆盖，其用量见表1-2。这样还可以减少熔化过程中的金属吸气。

表1-2　覆盖剂种类及用量

炉型及制品		覆盖剂用量（占投料量）/%	覆盖剂种类
电炉熔炼	普通制品	0.4 ~ 0.5	粉状熔剂
	特殊制品	0.5 ~ 0.6	
煤气炉熔炼	普通制品	1 ~ 2	KCl：NaCl
	特殊制品	2 ~ 4	按1：1混合

注：对于高镁铝合金，应一律用2号粉状熔剂进行覆盖。

B　加铜、锌

当炉料部分熔化后，即可向液体中均匀加入锌锭或铜板，加入量以熔池中的熔体刚好能淹没锌锭和铜板为宜。这里应强调的是，铜板的熔点为1083℃，在铝合金熔炼温度范围内，铜是溶解在铝合金熔体中的。因此，铜板如果加得过早，熔体未能将其盖住，将增加铜板的烧损；反之，如果加得过晚，铜板来不及溶解和扩散，将延长熔化时间，影响合金的化学成分控制。电炉熔炼时，应尽量避免更换电阻丝带，以防污物落入熔体中污染金属。

C　搅动熔体

熔化过程中应注意防止熔体过热，特别是用天然气炉（或煤气炉）熔炼时，炉膛温度高达1200℃，在这样高的温度下容易产生局部过热。为此，当炉料熔化之后，应适当搅动熔体，以使熔池里各处温度均匀一致，同时也利于熔化加速。

1.2.1.3　扒渣与搅拌

当炉料在熔池里已充分熔化，并且熔体温度达到熔炼温度时，即可扒除熔体表面漂浮的大量氧化渣。

A　扒渣

扒渣前，应先向熔体上均匀撒入粉状熔剂，以使渣与金属分离，有利于扒渣，可以少带出金属。扒渣动作要求平稳，防止渣卷入熔体内。扒渣要彻底，浮渣的存在会增加熔体的含气量，并弄脏金属。

B　加镁

扒渣后，便可向熔体内加入镁锭，同时要用2号粉状熔剂进行覆盖，以防镁的烧损。

C　搅拌

在取样之前和调整化学成分之后，都应及时进行搅拌。其目的在于使合金成分均匀分布和熔体内温度趋于一致。这看起来似乎是一种极简单的操作，在工艺过程中却是很重要的工序。因为一些密度较高的合金元素容易沉底，另外合金元素的加入不可能绝对均匀，这就造成了熔体上下层之间、炉内各区域之间合金元素的分布不均匀。如果搅拌不彻底（没有保证足够长的时间和消灭死角），容易造成熔体化学成分不均匀。搅拌应当平稳进行，不应激起太大的波浪，以防氧化膜卷入熔体中。

1.2.2　铝液的成分调整

在熔炼过程中，各种原因都可能使合金成分发生改变，这种改变可能使熔体的真实成分与配料计算值发生较大的偏差。因而须在炉料熔化后，及时取样进行快速分析，以便根据分析结果确定是否需要调整成分。

1.2.2.1　取样

熔体经充分搅拌之后，即应取样进行炉前快速分析，分析化学成分是否符合产品标准要求。取样时的炉内熔体温度应不低于熔炼温度中限。快速分析试样的取样部位要有代表性，天然气炉（或煤气炉）在两个炉门中心部位各取一组试样，电炉在二分之一熔体的中心部位取两组试样。取样前，试样勺要进行预热，对于高纯铝及铝合金，为了防止试样勺污染，取样应采用不锈钢试样勺并涂上涂料。

1.2.2.2　成分调整

当快速分析结果和合金成分要求不相符时，就应调整成分，冲淡或补料。

A　补料

快速分析结果低于合金化学成分要求时需要补料。为使补料准确，应按下列原则进行计算：先算量少者，后算量多者；先算杂质，后算合金元素；先算低成分的中间合金，后算高成分的中间合金；最后算新金属。

B　冲淡

快速分析结果高于化学成分的国家标准、交货标准等的上限时，就须冲淡。

在冲淡时，高于化学成分标准的合金元素要冲至低于标准要求的该合金元素含量上限。我国的铝加工厂根据历年来的生产实践，对铝合金都制定了厂内标准，以便使这些合金获得良好的铸造性能和力学性能。因此，在冲淡时一般都冲至接近或低于该元素的厂内化学成分标准上限所需的化学成分。

1.2.3　铝液的温度控制

熔炼过程必须有足够高的温度以保证金属及合金元素充分熔化及溶解。加热温度过高，熔化速度越快，同时也会使金属与炉气、炉衬等相互有害作用的时间缩短。生产实践表明，快速加热可以加速炉料的熔化，缩短熔化时间，对提高生产率和质量都是有利的。但另一方面，过高的温度容易发生过热现象，特别在使用火焰反射炉加热时，火焰直接接触炉料，以强热加于熔融或半熔融状态之金属，最易于招致气体侵入。同时，温度越高，使金属与炉气、炉衬等互相作用的反应进行得越快，这样就造成了金属的损失及熔体质量的降低。过热不仅容易大量吸收气体，而且易使在凝固后铸锭的晶粒组织粗大，增加铸锭裂纹的倾向性，影响合金性能。因此，在熔炼操作时，应控制好熔炼温度，严防熔体过热。图 1-5 为熔体过热温度和晶粒度及裂纹倾向之间的关系。

但是，过低的熔炼温度在生产实践中是没有意义的，因此，在实际生产中，既要防止熔体过热，又要加速熔化，缩短熔炼时间，这样熔炼温度的控制就变得极为重要。目前，大多数工厂都是采用快速加料后高温快速熔化，使处于半固体、半液体状态时的金属较短时间暴露于强烈的炉气及火焰下，降低金属的氧化、烧损和减少熔体的吸气。当炉料化平后出现一层液体金属时，为了减少熔体的局部过热，应适当地降低熔炼温度，并在熔炼过程加强搅拌以利于熔体的热传导。特别要控制好炉料即将全部熔化完时的熔炼温度。因金属或合金有熔化潜热，当炉料全部熔化完后温度就会回升，此时如果熔炼温度控制过高，就会造成整个熔池内的金属过热。在生产实践中发生的熔体过热，大多数是在这种情况下温度控制得不好所造成的。

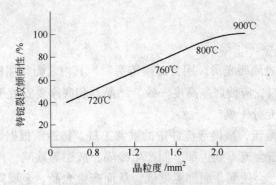

图1-5 熔体过热和晶粒度及裂纹倾向之间的
关系（Al-4%Cu合金）

实际熔化温度的选择，理论上应该根据各种不同合金的熔点温度来确定。各种不同合金具有不同的熔点，即不同成分的合金，在固体开始被熔化的温度（称为固相线温度）及全部熔化完毕的温度（称为液相线温度）也是不同的。在这两个温度之间的范围内，金属处于半液半固状态。

在工业生产中，要准确地控制温度，就必须对熔体温度进行测量。目前测量熔体温度最准确的方法，仍然是借助于热电偶-仪表方法。但是，有实践经验的工人在操作过程中，能够通过许多物理化学现象的观察，来判断熔体的温度。例如从熔池表面的色泽、渣滓燃烧的程度以及操作工具在熔体中粘铝或者软化等现象来判断。但是，这些都不是绝对可靠的，因为它受到光线和天气的影响，常常会影响其准确性。多数合金的熔体温度区间是相当大的，当金属处于半固体、半液体状态时，如长时间暴露于强热的炉气或火焰下，最易吸气。因此在实际生产中多选择高于液相线温度50~60℃的温度为熔炼温度，以迅速避开这半熔融状态的温度范围。常用铝合金的熔炼温度如表1-3所示。

表1-3 常用铝合金的熔炼温度

合　　金	熔炼温度范围/℃
3A21、3003、2618、2A70、2A80、2A90	720~770
其余铝合金	700~760

1.2.4 主要铸造设备和典型产品的铸造工艺

中间罐是储存、输送熔体和缓冲液流的装置，要求有良好的保温性能和一定的深度，其深度一般为300mm左右。罐底对水平轴线的倾角为30°~45°。

导流板是向结晶器分配液流的工具，通常采用石墨等导热性良好的材料制成，将其镶嵌在中间罐的出口处。为防止液穴偏移及其带来的不利影响，导流口常开在结晶器轴线的下方，使熔体沿结晶器壁以片流方式注入结晶器。导流孔的大小为铸锭截面的 8% ~ 10%。

引锭杆是牵引铸锭的装置，其作用及结构与立式铸造的底座基本相同。其上有销子孔，用销子起定位作用。

1.2.4.1　圆锭的铸造

A　铸造前的准备

（1）结晶器工作表面要光滑。用普通模铸造时，其内表面须用砂纸打光。保证水冷均匀。当同时铸多根锭时，应使底座高度一致。结晶器和底座要安放平稳、牢固。

（2）流槽、流盘充分干燥。

（3）漏斗是分配液流，减慢液流冲击的重要工具，铸造前根据铸锭规格选择合适的漏斗。漏斗过小时，液流会流不到边部，而产生冷隔、成层等缺陷，严重时导致中心裂纹和侧面裂纹。漏斗过大，会使漏斗底部温度低，从而产生光晶、金属间化合物缺陷。如果漏斗偏离中心，会因供流不均而造成偏心裂纹。

（4）调整好熔体温度，控制在浇注温度的中上限。

B　铸造与操作

（1）一般圆锭的铸造，其开始的浇注温度以中上限为宜，大直径圆锭的浇注温度以其上限开头。

（2）对需铺底的合金品种，应事先铺好纯铝底，铺底后立即用加热好的渣刀将表面渣打干净，周边凝固 20mm 后，放入基本金属。对直径 550mm 以上的铸锭，应同时放入环形漏斗，使液面缓慢上升并彻底打渣。当液面上升到漏斗底部时，把漏斗抬起，打出底部渣。打渣时渣刀不能过分搅动金属。对直径 550mm 以下的铸锭，当液面升到锥度区开车，同时放入自动控制漏斗。对不铺底的合金品种，准备好后直接放入基本金属。

（3）开车后调整液面高度，漏斗放在液面中心，保证能均匀分配液流。

（4）铸造过程中控制好温度，一般设在中限。

（5）封闭各落差点。

（6）控制好流槽、流盘、结晶器内液面水平，避免忽高忽低。

（7）做好润滑工作。使用油类润滑时，润滑油应事先预热。

（8）铸造收尾前温度不要太低，否则易产生浇口夹渣。

（9）收尾前不得清理流槽、流盘的表面浮渣，以免浮渣落入铸锭。

（10）停止供流后及时抬走流盘，并小心取出自动控制漏斗；对使用手动控制漏斗或环形漏斗的，当液面脱离漏斗后即可取出漏斗。浇口不打渣。

（11）需要回火的合金，当液体还有浇口部位熔体凝固直径的 1/3 ~ 1/2 时停冷却水，并开快车下降。当铸锭脱离结晶器 10 ~ 15mm 时停车，待浇口完全凝固后即可吊出。不需回火的合金，在浇口不见水的情况下停车越晚越好，待浇口部冷却至室温时停水。小直径铸锭距结晶器下缘 10 ~ 15mm 时停车，防止铸锭倒入井中。

任务 1.3 铝箔的轧制生产

【任务描述】

掌握铝箔的生产原理和设备的操作，了解铝箔缺陷和防止措施。

【学习目标】

(1) 掌握铝箔生产工艺流程；

(2) 熟悉铝箔轧制生产工艺各项参数及调整操作；

(3) 掌握铝箔常见缺陷分析原因及防止措施；

(4) 熟悉铝箔生产设备并掌握其操作方法。

1.3.1 铝箔生产

1.3.1.1 铝箔生产工艺流程

铝箔的生产工艺流程主要有两种，见图 1-6 和图 1-7。图 1-6 是老式设备生产工艺流程。由于老式设备规格小，需要的铝箔坯料窄，要经过剪切分成小卷退火后再进行轧制。老式设备轧制时采用的是高黏度轧制油，需经过一次清洗处理，双合轧制前还要经过一次中间低温恢复退火。图 1-7 是现代铝箔生产工艺流程，由于轧制油黏度的下降与轧制速度的提高，就不需要清洗和中间恢复退火工序。现代铝箔生产工艺流程短缩短了生产周期，减少了中间环节，从而减少了缺陷的产生，降低了成本，提高了铝箔的产品质量和成品率。

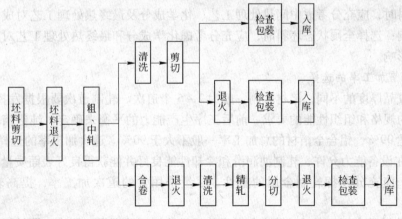

图 1-6 老式设备生产工艺流程

1.3.1.2 铝箔轧制生产工艺

A 铝箔坯料厚度、宽度、状态的选择

铝箔坯料的厚度范围一般为 0.3 ~ 0.7mm，选择多大厚度做铝箔坯料，主要取决于粗轧机的设备能力和生产工艺的安排。

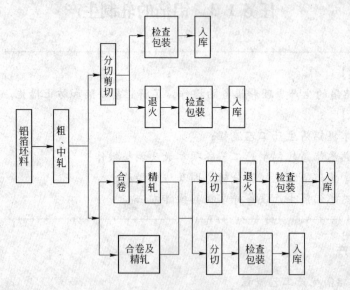

图 1-7　现代铝箔生产工艺流程

　　铝箔坯料宽度的选择应考虑所生产铝箔的合金状态、成品规格、轧制与分切的切边及分切抽条量的大小、设备能力、操作水平及生产技术工艺管理等因素。轧制铝箔时，铝箔坯料的最大宽度一般不超过工作辊辊身长度的 80% ~85%，如有良好的板形控制系统，也可达到 90%。

　　铝箔坯料的状态分软状态、半硬状态和全硬状态三种。对于一般力学性能要求的软状态或硬状态铝箔如双张箔、普通单张箔，可以选择软状态或半硬状态坯料。对于有特殊性能要求的铝箔如电缆箔、酒标料、空调箔等，可以选择半硬状态或全硬状态坯料。选择半硬状态坯料时，应充分考虑中间热处理工艺、化学成分及最终热处理工艺对成品铝箔力学性能的影响；选择全硬状态坯料时，应充分考虑化学成分和最终热处理工艺对成品铝箔力学性能的影响。

　　B　铝箔加工率的选择

　　由于成品厚度的不同，箔材轧制一般为 2~6 个道次。轧制道次要根据发挥轧机效率、成品箔材的规格和组织性能的要求、前后工序生产能力的平衡来确定。纯铝箔材的总加工率一般可达 99%，铝合金箔材的总加工率一般不大于 90%。道次加工率的选择原则如下：

　　(1) 在设备能力允许、轧制油润滑和冷却性能良好并能获得良好表面质量和板形质量的前提下，应充分发挥轧制金属的塑性，尽量采用大的道次加工率，提高轧机的生产效率。

　　(2) 选择道次加工率时，要充分考虑轧机性能、工艺润滑、张力、原始辊型、轧制速度、表面质量、板形质量、厚度波动等因素。软状态或半硬状态铝箔坯料的轧制道次加工率一般为 40% ~65%；硬状态铝箔坯料的轧制道次加工率一般为 20% ~40%。

　　(3) 对于厚度偏差、表面质量、板形质量要求高的产品，宜选用较小的道次加工率。

　　(4) 对有厚度自动控制系统和板形自动控制系统的轧机，可适当采用较大的道次加工率。

（5）道次加工率的选择应从实际出发，在现场实践中依据设备、质量、生产效率等情况不断摸索总结后，最终确定下来。

1.3.1.3 铝箔生产中轧辊的控制与操作

A 轧辊的选择

轧辊是铝箔轧制的重要工具。在铝箔轧制过程中，工作辊辊身和铝箔直接接触，其尺寸、精度、表面硬度、辊型及表面质量对铝箔表面、板形质量与轧制工艺参数的控制起着非常重要的作用。轧辊又分为工作辊和支承辊。轧辊使用一定时间后，为磨去轧辊表面疲劳层并获得一定的凸度和粗糙度，必须进行磨削。

a 工作辊尺寸

工作辊的直径和辊身长度代表铝箔轧机的公称规格。工作辊的直径对单张箔轧制的最小出口厚度影响很大。单张轧制铝箔的最小厚度可用下式计算：

$$h_{min} = \frac{3.58(K - \bar{\sigma})}{E}$$

式中　h_{min}——轧出铝箔的最小厚度，mm；

　　　K——金属强制流动应力，$K = 1.115\bar{\sigma}_{0.2}$，MPa；

　　　其中　$\bar{\sigma}_{0.2}$——入口金属的平均屈服强度，MPa；

　　　$\bar{\sigma}$——轧件平均单位张力，$\bar{\sigma} = \frac{1}{2}(\bar{\sigma}_0 + \bar{\sigma}_1)$，MPa；

　　　其中　$\bar{\sigma}_0$——前张力，MPa；

　　　$\bar{\sigma}_1$——后张力，MPa；

　　　E——钢轧辊的弹性模量，$E = 2.2 \times 10^5 MPa$。

工作辊辊身长度决定了铝箔轧制宽度，通常铝箔最大可轧制宽度是辊身长度的80% ~ 85%；当投入板形控制系统时，最高可达90%，此时板形控制将非常困难。

b 轧辊的几何精度

工作辊辊身和辊颈的椭圆度不大于0.005mm，辊身两边缘直径差不大于0.005mm，辊身和辊径的同心度不大于0.005mm。当轧制为双辊驱动时，一对工作辊的直径偏差不超过0.02mm。支承辊的辊身和辊颈的椭圆度不大于0.03mm，辊身的圆锥度不大于0.005mm。

c 轧辊的表面硬度

轧辊在生产运行过程中要承受极大的压力，一般都采用经过特殊处理的锻造合金钢来制造，对轧辊表面硬度要求严格，同时还要有一定深度的淬火层。工作辊的表面硬度一般为95 ~ 102HSD，淬火层深度不小于10mm。支承辊表面的硬度一般为75 ~ 80HSD，淬火层深度不小于20mm。辊颈的硬度一般为45 ~ 50HSD。

d 轧辊的辊型

为了获得厚度均匀、板形平整的铝箔产品，合理地选择轧辊辊型是非常重要的。辊型是指辊身中间和两端的直径差和这个差值的分布规律，通常分布是对称的，呈抛物线（另一种说法是呈正弦曲线）型，而把直径差称为凸度。如果凸度偏大，轧出的铝箔会中间松、两边紧；凸度偏小，轧出的铝箔会中间紧、两边松。凸度的选择，通过理论计算很困难，大多是根据实际经验来选定。工作辊的凸度一般为 0.04 ~ 0.08mm，支承辊的凸度一般为 0 ~ 0.02mm。辊型的误差应在标准值的 ±10% 以内。

　　e　轧辊表面磨削质量

轧辊表面磨削后不允许有螺旋印、振痕、横纹、划痕及其他影响铝箔表面质量的缺陷，同时具有满足不同要求的粗糙度。

轧辊表面的粗糙度与轧出铝箔的粗糙度、光亮度、轧制过程中的轧制速度、摩擦系数、轧制力的大小等有直接的关系。轧制工艺的不同，轧辊表面的粗糙度也不同。粗轧时，压下量较大，工作辊的粗糙度应当能使轧制油分吸附。此外，轧辊表面应尽可能适应高速轧制。中轧辊的粗糙度要比粗轧精细。精轧为使铝箔获得光亮表面，精轧辊表面粗糙度应更精细些。但值得注意的是，如果轧辊粗糙度太小，轧制后的铝箔表面容易产生人字纹、横波纹缺陷，同时降低了轧制速度。支承辊的粗糙度一般为 $Ra = 0.3 ~ 0.4 \mu m$。

　　f　轧辊磨削工艺

轧辊的磨削工艺包括砂轮的修整、冷却润滑剂及砂轮转速、轧辊转速、走刀量和进刀量。

1.3.1.4　铝箔轧制厚度测量与控制

　　A　铝箔轧制时的厚度测量方法

（1）涡流测厚。结构简单，价格便宜，维修方便，适用于厚度偏差要求不严（±8%）以上、轧制速度低（500m/min 以下）的铝箔轧机。

（2）同位素射线测厚。测量精度高，价格适中。厚度的测量范围取决于同位素种类，同位素需要定期更换，保管不方便，可适用于高速铝箔轧机。该种测厚方式应用较少。

（3）X 射线测厚。测量精度高，反应速度快，不受电场、磁场的影响，在使用和保管上较同位素 β、γ 射线方便，价格较贵，广泛应用于高速铝箔轧机。厚度测量范围取决于发射管的电压，只要调整 X 射线管的阳极电压便可检测各种厚度。高速铝箔轧机 X 射线厚度测量发射管电压一般为 10kV，检测厚度范围为 9 ~ 2700 μm。

　　B　铝箔轧制时的厚度控制

轧制工艺参数的改变对出口带材厚度的影响是不同的，图 1-8 所示为轧制力、轧制速度和开卷张力对出口带材厚度影响的相对关系。出口带材厚度大时，冷轧（粗轧）轧制力的影响大；随着厚度的减薄，轧制力的影响减弱，开卷张力、轧制速度的影响逐渐增加。现代高速铝箔轧机厚度的控制方法主要有：压力、开卷张力、压力/张力、张力/压力、张力/速度、速度/张力以及速度最佳化，厚度自适应、自动减速控制等。

　　a　压力控制

以轧制力作为可控制变量，利用出口侧测定的厚度与设定目标值厚度相比较，产生厚度偏差信号，通过调整轧制力，使出口厚度偏差趋近于零。可用于铝箔粗轧机。

　　b　张力控制

以开卷张力作为可控制的变量，利用出口侧测定的厚度与设定目标厚度相比较，产生厚度偏差，偏差信号通过张力控制器，调整开卷张力值，使出口厚度偏差趋近于零。对于因采用单电机或双电机驱动引起的开卷张力变化，可自动进行补偿。对于不同的合金和厚度范围所允许的开卷张力范围可调，因此可在最小断箔几率的条件下，尽可能获得大的开卷张力调节范围。适用于粗、中、精轧机的控制。

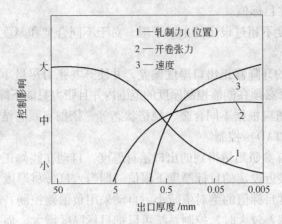

图 1-8 轧制力、轧制速度和开卷张力对出口带材厚度影响的相对关系

c 速度控制

以轧制速度作为可控制变量，利用出口侧测定的厚度与设定目标厚度相比较，产生厚度偏差信号。偏差信号通过轧制速度控制器调整轧制速度，使出口厚度偏差趋近于零。常用于精轧。

d 张力/速度与速度/张力控制

开卷张力与轧制速度组成厚度控制方式，依靠 AGC 计算机软件中的第一级控制器和第二级控制器来实现。铝箔轧制时，出口箔材厚度与目标值出现偏差，第一级控制器的输出就会变化，使厚度回到目标值范围内；若第一级控制器的输出已超过溢出限，而厚度仍未回到目标范围内，此时第二级控制器将会启动将出口厚度调整到目标值范围内，并使第一级控制器的输出回到正常范围，常用于中、精轧机。以速度/张力 AGC 方式为例，其厚度调节程序如下：

（1）在铝箔轧制过程中，AGC 计算机会不停地将测厚仪测量的出口箔材厚度与目标设定值相比较。当出口箔材的厚度大于目标值时，AGC 计算机就会增加输出速度基准信号，升高轧制速度，以使箔材的出口厚度回到目标值范围内；如果速度基准输出达到溢出限，箔材的出口厚度仍未回到目标值范围内，此时张力控制器启动，增加开卷张力，使箔材的厚度变薄回到目标值范围内，且使速度回到正常范围内。

（2）当测厚仪测量的出口箔材厚度小于目标值时，AGC 计算机就会减小输出速度基准信号，降低轧制速度，使出口箔材厚度增大。当速度小到低于速度溢出下限而箔材的出口厚度仍未回到目标值范围内时，开卷张力控制器启动，减小开卷张力，使箔材的厚度增厚并回到目标值范围内，且使速度回到正常范围内。另外还有压力/张力和张力/压力控制，适用于粗轧。

e 速度最佳化控制

利用张力和速度的不同组合，用尽量小的张力获得最大轧制速度即低张力、高速度进行铝箔轧制的方法。该系统主要特点如下：

（1）在不影响铝箔厚度的情况下，将轧机升速到一初始值。不同合金及不同轧制道次其初始值不同。

（2）通过减小开卷机电流使张力范围接近下限，以达到最佳轧制速度，由此在最大轧制速度下将厚度控制在目标值。

（3）控制轧制速度不超过设定的上、下限，对于不同合金和厚度范围，该上、下限是可调的。

（4）可通过速度的升降修正出口厚度偏差，并使开卷张力尽量小。

（5）张力值的选择必须在能够控制厚度的范围内并且张力只能下降到不起皱、不打折。

（6）张力的选择值应根据不同合金、规格状态等，依据实践总结确定下来。

f 目标值自适应（TAD）控制

TAD 控制系统具有参照测量得到的出口箔材厚度，自动在线修正设定的厚度目标值功能，使箔材厚度尽量接近设定的目标厚度下限值。即当入口带材厚度偏差变化很小时，控制系统可以把出口厚度目标值的绝对值减小，自动采用负偏差控制，以增加单位重量的面积。当入口带材厚度偏差较大时，控制系统可以把目标厚度增大，而把超差的废品限制在最小范围。

g 自动减速功能

高速铝箔轧机自动减速功能可以使开卷尾部尽可能采用高速轧制，以减少轧制时间和尾部不均匀，同时还可以避免减速不及时造成的尾部跑头现象。其特点就是系统通过不断地计算开卷直径，当开卷直径达到套筒临界时，系统控制轧机轧制速度按最大减速比减到最终速度，开卷套筒仅留预定的料尾。

1.3.2　铝箔缺陷分析及防止

铝箔的主要质量缺陷有：

（1）针孔。针孔是铝箔材的主要缺陷。原料中、轧辊上、轧制油中甚至空气中的尘埃尺寸达到 6μm 左右进入辊缝均会引起针孔。所以 6μm 铝箔没有针孔是不可能的，只能用多少和大小评价它。由于铝箔轧制条件的改善，特别是防尘与轧制油有效地过滤和方便的换辊系统的设置，铝箔针孔数目愈来愈依赖于原料的冶金质量和加工缺陷。由于针孔往往是原料缺陷的脱落，很难找到与原缺陷的对应关系。一般认为，针孔主要与含气量、夹杂、化合物及成分偏析有关。采取有效的铝液净化、过滤、晶粒细化均有助于减少针孔。采用合金化等手段改善材料的硬化特性也有助于减少针孔。轧制油的有效过滤，轧辊短期更换及防尘措施，均是减少铝箔针孔所必备的条件，而采用大轧制力、小张力轧制也会对减少针孔有所帮助。

（2）辊印、辊眼、光泽不均。这主要是轧辊引起的铝箔缺陷，分为点、线、面三种，最显著的特点是周期出现。造成这种缺陷的主要原因为：轧辊不正确的磨削；外来物损伤轧辊；来料缺陷印伤轧辊；轧辊疲劳；辊间撞击、打滑等。所有可以造成轧辊表面损伤的因素，均可对铝箔轧制形成危害。因为铝箔轧制辊面光洁度很高，轻微的光泽不均匀也会影响其表面状态。定期的清理轧机，保持轧机的清洁，保证清辊器的正常工作，定期换辊，合理磨削，均是保证铝箔轧后表面均匀一致的基本条件。

（3）起皱。由于板形严重不良，在铝箔卷取或展开时会形成皱折，其本质为张力不足以拉平箔面。对于张力为 20MPa 的装置，箔面的板形不得大于 301。当大于 301 时，必然起皱。由于轧制时铝箔往往承受比后续加工更大的张力，一些在轧制时仅仅表现为板形不良的铝箔，在分切或退火后的使用中却表现为起皱。起皱产生的主要原因是板形控制不良，包括轧辊磨削不正确，辊型不对，来料板形不良及调整板形不正确。

（4）亮点、亮痕、亮斑。双合面由于双合油使用不当引起的亮点、亮痕、亮斑，主要是因为双合油油膜强度不足，或轧辊面不均引起轧制不均变形，外观呈麻皮或异物压入状。选用合理的双合油，保持来料清洁和轧辊的辊面均匀是解决这类缺陷的有效措施。改变压下量和选择优良的铝板也是必要的。

（5）厚差。厚差难以控制是铝箔轧制的一个特点，3%的厚差在板材生产时也许不难，而在铝箔生产时却非常困难。原因在于厚度极薄，其他微量条件均可造成影响，如温度、油膜、油气浓度等。铝箔轧制单卷长度可达几十万米，轧制时间长达10h左右，随时间延长，厚差很易形成，而对厚度调整的手段则仅有张力-速度。这些因素均造成了铝箔轧制的厚控困难。所以，要真正控制厚差在3%以内，需要许多条件来保证，难度相当大。

（6）油污。油污是指轧制后铝箔表面带上了多余的油，即除轧制油膜以外的油。这些油往往由辊颈处或轧机出口上、下方甩、溅、滴在箔面上，且较脏，成分复杂。铝箔表面带油污比其他轧材带油污危害更大，一是由于铝箔成品多数作为装饰或包装材料，必须有一个洁净的表面；二是其厚度薄，在后道退火时易形成泡状，而且由于油量较多在该处形成过多的残留物而影响使用。油污缺陷多少是评价铝箔质量的一项重要的指标。

（7）水斑。水斑是指在轧制前有水滴在箔面上，轧制后形成的白色斑迹，较轻微时会影响铝箔表面状况，严重时会引起断带。水斑是由于油中有水珠或轧机内有水珠掉在箔面上形成的，控制油内水分和水源是避免水斑的唯一措施。

（8）振痕。振痕是指铝箔表面周期性的横波。产生振痕的原因有两种：一是由于轧辊磨削时形成的，周期在10~20mm；二是轧制时由于油膜不连续形成振动，常产生在一个速度区间，周期为5~10mm。产生振痕的根本原因是油膜强度不足，通常可以采用改善润滑状态来消除。

（9）张力线。当厚度达到0.015mm以下时，在铝箔的纵向形成平行条纹，俗称张力线。张力线间距在5~20mm，张力愈小，张力线愈宽，条纹愈明显。当张力达到一定值时，张力线很轻微甚至消失。厚度愈小，产生张力线的可能性愈大。双合轧制产生张力线的可能性较单张大。增大张力和轧辊粗糙度是减轻、消除张力线的有效措施，而大的张力必须以良好的板形为基础。

（10）开缝。开缝是箔材轧制特有的缺陷，在轧制时沿纵向平直地裂开，常伴有金属丝线。开缝的根本原因是入口侧打折，常发生在中间，主要由于来料中间松或轧辊不良。严重的开缝无法轧制，而轻微的开缝会在以后的分切时裂开，往往造成大量废品。

（11）气道。在轧制时间歇出现条状压碎，边缘呈液滴状曲线，有一定宽度。轻度的气道未压碎，呈白色条状并有密集针孔。在压碎铝箔的前后端存在密集针孔是区分气道与其他缺陷的主要标志。气道来源于原料，应选择含气量低的材料作为铝坯。

（12）卷取缺陷。卷取缺陷主要指松卷或内松外紧。由于铝箔承受的张力有限，卷取硬卷就很困难。取得里紧外松的卷是最理想的，而足够的张力是形成一定张力梯度的条件。所以，卷取质量最终依赖于板形好坏，内松外紧的卷会形成横棱，而松卷则会形成椭圆，这均会影响以后的加工质量。

铝箔轧制缺陷种类尽管很多,但最终主要表现为:以孔洞为特征的针孔、辊眼、开缝、气道;以表面状况为特征的油污、光泽不均、振痕、张力线、水斑、亮点、亮斑;影响后工序加工的板形、起皱、打折、卷取不良;以尺寸为特征的厚差等。实际上,铝箔特有的缺陷只有针孔一类,其他几种缺陷板材也同样有,只不过表现的严重程度不同或要求不同而已。

1.3.3　铝箔生产设备及操作

1.3.3.1　铝箔轧机分类

现代化的铝箔轧机一般为四重不可逆式轧机。铝箔轧机按使用功能不同分为铝箔粗中轧机、铝箔中精轧机、铝箔精轧机和万能铝箔轧机四种类型。

通常铝箔中精轧机、铝箔精轧机或万能铝箔轧机配有双开卷机。单张轧制铝箔最小厚度为 0.01 ~ 0.012mm。厚度在 0.01mm 以下的铝箔要采用合卷叠轧。铝箔合卷有两种方式,可以在机外单独的合卷机上合卷,也可以在配有双开卷机的铝箔中精轧机或铝箔精轧机上合卷同时叠轧。高速铝箔中精轧机或铝箔精轧机通常都采用机外合卷。典型的铝箔轧机的结构见图 1-9 和图 1-10。

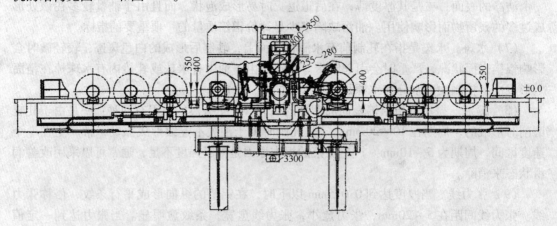

图 1-9　不带双开卷机的四重不可逆式铝箔轧机

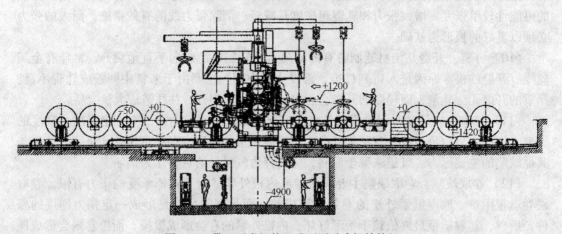

图 1-10　带双开卷机的四重不可逆式铝箔轧机

1.3.3.2　铝箔合卷机

需要叠轧的铝箔首先需要合卷。合卷有两种方式：一种是在专用合卷机上进行合卷、切边，然后送入精轧机上叠轧；另一种是直接在精轧机上进行合卷、切边和叠轧。铝箔合卷机主要设备组成为：双开卷机、入口导向辊、轧制油喷射系统、圆盘剪切边装置、吸边系统、出口导向辊、穿带装置、卷取机、气动系统、电气传动及控制系统等。

1.3.3.3　铝箔分卷机

根据分切铝箔厚度的不同，铝箔分卷机有厚规格铝箔分卷机和薄规格铝箔分卷机之分。铝箔分卷机的卷取机配置方式有立式和卧式两种。图 1-11 为立式铝箔分卷机结构示意图。

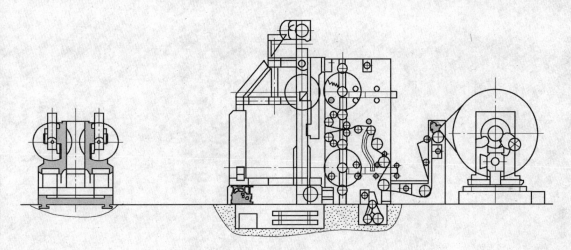

图 1-11　立式铝箔分卷机结构示意图

铝箔分卷机主要设备组成有双锥头开卷机、入口导向辊、分切装置、圆盘剪切机、吸边系统、出口导向齿、气动轴式双卷取机、气动系统、电气传动及控制系统等。

1.3.3.4　铝箔退火设备

目前，铝箔退火一般均采用箱式退火炉多台配置的方式。近年来铝箔退火炉趋向于采用带旁路冷却系统的炉型。

铝箔真空退火炉主要针对有特殊要求的产品而采用的一种炉型，以满足产品的特殊性能要求。为了提高生产效率，铝箔真空退火炉往往配置保护性气体系统。铝箔真空退火炉的生产能力较小，生产效率较低，用途特殊，设备造价又较高，所以用得较少。

气垫式热处理炉是一种连续热处理设备，既能进行各种制度的退火热处理，又能进行淬火热处理，有的气垫式热处理炉还集成了拉弯矫直系统。气垫式热处理炉技术先进、功能完善，热处理时加热速度快，控温准确；但气垫式热处理炉机组设备庞大，占地多，造价高，应用受到限制。

思考与练习

1-1　纯铝按其纯度分为哪几类?

1-2　工业纯铝有哪些特点,有哪些用途?

1-3　铝中合金元素和杂质对性能有哪些影响?

1-4　消除铝铸件中气孔和夹杂物的工艺原则有哪些?

1-5　铝工业生产中晶粒细化常用几种方法,分别是什么?

1-6　什么是铝液的变质处理?

1-7　目前制取高纯铝的主要技术有哪些,分别有什么特点?

学习情境 2 铝合金消失模铸造生产

自 1956 年由美国人发明消失模铸造技术以来，在 20 世纪 80 年代中期已发展到相当的规模，成功地应用于汽车件的工业化生产。1956 年，美国发明了用泡沫塑料模样制造金属铸件的专利，最初是采用 EPS 板材加工模样，采用黏土砂造型，用来生产艺术品铸件，也就是现在的实型铸造。1961 年，德国公司购买了这一专利技术加以开发，采用无黏结剂干砂生产铸件的技术。但是无黏结剂的干砂在浇注过程中经常发生坍塌的现象，现在国外生产线有不抽负压的生产方式。1967 年，德国采用可以被磁化的铁丸来代替硅砂作为造型材料，用磁力场作为"黏结剂"，这就是"磁型铸造"。1971 年，日本发明了 V 法（真空铸造法）。受此启发，今天的消失模铸造在很多地方也采用抽真空的办法来固定型砂。在 1980 年以前，使用无黏结剂的干砂工艺必须得到美国"实型铸造工艺公司"的批准。在该专利失效以后，近几十年来消失模铸造技术在全世界范围内得到了迅速的发展。

消失模铸造又称实型铸造，是用泡沫塑料（EPS、EPMMA、STMMA）材料制作成与要铸造的零件结构、尺寸完全一样的模样，经过浸涂涂料并烘干后，埋于型砂中，经三维震动造型，在负压的状态下浇入金属液，使泡沫模样受热气化抽出，进而金属液占据泡沫模样的空间，冷却凝固后形成铸件的铸造方法，见图 2-1。消失模铸造有多种不同的叫法，国内主要称为干砂实型铸造、负压铸造，简称 EPC 铸造。它与传统的铸造技术相比，具有很大的优势，被国内外的铸造界誉为"21 世纪的铸造技术"和"铸造工业的绿色革命"。

与传统砂型铸造相比，消失模铸造有以下三个特点：

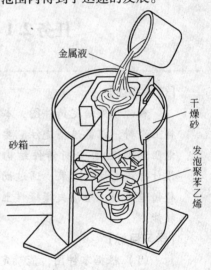

图 2-1 消失模铸造原理

（1）消失模铸造是实型的，造型后塑料泡沫不取出，而砂型铸造型腔是空的。

（2）型砂中不加黏结剂，靠在负压条件下使型砂"黏结"在一起。

（3）浇注时金属液与泡沫模样产生物理化学作用。在高温作用下，泡沫模样经软化、融合、分解、气化等过程，液态金属不断占据模样的位置，是一个金属与模样的置换过程；而砂型铸造是浇注时液态金属充填空型腔。

消失模铸造工艺过程一般分为白区、黄区、黑区三个部分。白区是指消失模模样的制作、组合粘接以及修补；黄区是指涂料的混制、上涂料、烘干；黑区是指造型、金属熔炼、浇注、旧砂再生处理，直到铸件落砂、清理、热处理等，见图 2-2。

本教学情境根据消失模铸造生产企业的主要工序，选择消失模模样的制备、消失模铸造的干砂造型、消失模铸造铝合金的熔炼与浇注、消失模铸造的落砂清理检验四个典型工作任务组织教学。

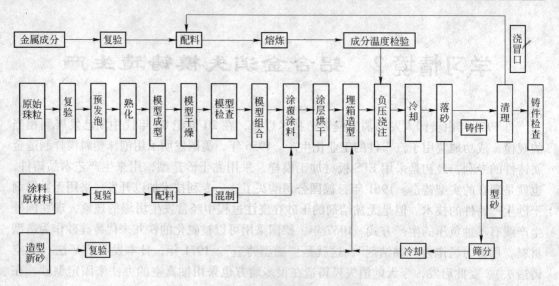

图 2-2　消失模铸造工艺流程图

任务 2.1　消失模铸造模样的制备

【任务描述】

教师预先给定铸件图，本任务是让学生根据铸件图制作出消失模模样并给模样上涂料，以备造型浇注。要求学生按照实训基地实际情况（例如实训基地只有电阻切割仪），分析铸件结构、形状，制定工艺方案，将模样分解成若干部分，设计样板或切割工装，通过切割、粘接成消失模模样；同时按一定比例配制消失模铸造涂料，给消失模模样上涂料并烘干，在此过程中学习相关知识与实际操作技能。

【学习目标】

（1）根据零件图，能确定消失模铸造工艺方案；

（2）能确定铸造工艺参数，并能绘制铸件图；

（3）根据铸件结构，制定切割工艺，能够设计和制作泡沫切割样板或工装；

（4）会电阻切割仪的操作，能够完成模样的组装；

（5）能够制定涂料的配制、上涂料、模样烘干工艺。

2.1.1　消失模铸造工艺设计

2.1.1.1　消失模铸造工艺方案制定原则

消失模铸造工艺方案制定原则为：

（1）要保证铸件质量。根据消失模铸造工艺过程及特点，工艺方案应首先保证铸件形成并最大限度地减少各种铸件缺陷，保证铸件质量。消失模铸造工艺应该表现其精度高、表面光洁、轮廓清晰等特点。

（2）要考虑明显的经济效益。工艺设计应考虑提高工艺出品率，模型如何组合实现群铸，以提高生产效率，降低成本。

（3）要考虑便于工人操作，减轻劳动强度和环保。

2.1.1.2   工艺设计主要内容

A   绘制铸件图

根据产品图纸、材质特点和零件的结构工艺性，确定以下工艺参数：

（1）零件机加工部件的余量。

（2）不能直接铸出的孔、台等部位。

（3）合金收缩和 EPS 模型收缩值。

（4）模型起模斜度。

B   设计铸造工艺方案主要包括以下内容

（1）EPS 模型在铸型中的位置。

（2）确定浇注金属引入铸型的方式（顶注、底注、中间注入或阶梯式）。

（3）一箱铸件数量及布置。

（4）浇注系统的结构和尺寸设计。

（5）确定浇注规范，包括浇注温度、浇铸时的负压大小和负压时间。

（6）干砂充填紧实工艺。

其他一些工艺因素如干砂的要求，涂料及烘干，震动造型参数等，通用性较大，不必每个件都单独设计。

2.1.1.3   工艺参数的确定

（1）可铸的最小壁厚和可铸孔径。

（2）由于消失模工艺的特点，可铸最小壁厚和孔径、凸台、凹坑等细小部位的可能性大大提高。

可铸孔比传统砂型铸造小而且空间距离的尺寸十分容易保证，因此用消失模工艺生产的铸件大部分孔都可以铸出，关键在于模具设计的可行性和合理性。

可铸的凸台、凹坑及其他细小部分更不受限制。由于模型的涂料层不影响铸件的轮廓和尺寸，再加之复印性好，所以只要能做出模型，就能铸出铸件。

最小壁厚主要受 EPS 模料的限制，在生产中模型要求保证断面上至少要容纳三颗珠粒，这就要求断面厚度大于 3mm。实际中，不同铸造合金在生产中均有一适宜最小壁厚和可铸最小孔径的限制设计，见表 2-1。

表 2-1   铸件可铸最小壁厚和孔径

铸件合金种类	铸　铝	铸　铁	铸　钢
可铸最小壁厚/mm	2 ~ 3	4 ~ 5	5 ~ 6
可铸最小孔径/mm	4 ~ 6	8 ~ 10	10 ~ 12

（3）设计消失模铸造模具型腔尺寸时，要考虑双重收缩，即金属合金的收缩和模型的

收缩。模型材料收缩率，采用 EPS 时推荐为 0.5% ~ 0.7%，采用共聚树脂 EPS/EPMMA 时推荐为 0.2% ~ 0.4%。金属合金的收缩与传统砂型工艺相近，可参考表 2-2 中数据。

表 2-2　消失模铸造中各合金的收缩率　　　　　　　　（%）

铸件合金	铸　铝	灰铸铁	球墨铸铁	铸　钢
线收缩率	1.8 ~ 2.0	0.9 ~ 1.2	1.2 ~ 1.5	1.8 ~ 2.0
受阻收缩	1.6 ~ 1.9	0.6 ~ 1.0	0.8 ~ 1.2	1.6 ~ 1.8

设计时，模型尺寸（$L_{模型}$）可按下式计算

$$L_{模型} = L_{铸件} + K_1 \times L_{铸件}$$

式中，K_1 为合金收缩率，可查表 2-2。

设计模具型腔相应尺寸

$$(L_{模具}) = L_{模型} + K_2 \times L_{模型}$$

式中，K_2 为模型材料收缩率，当铸件尺寸很小时，收缩值也可以忽略不计。

（4）机械加工余量。消失模铸造尺寸精度高，铸件尺寸重复性好，因此加工量比砂型工艺要小，比熔模精铸高。

（5）拔模斜度。消失模工艺突出优点是干砂造型，无需起模、下芯、合箱等工序，不需设计拔模斜度。但在制作 EPS 模型过程中，模具与模型间起模时有一定的摩擦阻力，在模具设计时可考虑 0.5°拔模斜度。但 EPS 有一定的弹性，对于小尺寸模具，也可以不考虑斜度。

2.1.1.4　浇注系统设计

A　浇注位置的确定

确定浇注位置应考虑以下原则：

（1）尽量立浇、斜浇，避免大平面向上浇注，以保证金属有一定上升速度。

（2）浇注位置应使金属液与模型热解速度相同，防止浇注速度慢或出现断流现象，而引起塌箱、对流缺陷。

（3）模型在砂箱中的位置应有利于干砂填充，尽量避免水平、向下的盲孔。

（4）重要加工面处在下面或侧面，顶面最好是非加工面。

（5）浇注位置还应有利于多层铸件的排列，在涂料和干砂充填紧实的过程中，方便支撑和搬运，使模型某些部位可能加固，防止变形。

B　浇注方式的确定

浇注系统按金属液引入型腔的位置分为顶注、侧注、底注或几种方式综合使用。如图 2-3 所示。

a　顶注

顶注充型时间最短，浇速快利于防止塌箱，合金液热量损失小，有利于防止浇不足和冷隔缺陷，工艺出品率高，顺序凝固补缩效果好。由于铝合金浇注时模型分解速度慢，型腔保持充满，可避免塌箱，一般薄壁件多采取顶注。

b　侧注

液体金属从模型中间引入，一般在铸件最大投影面积部位引入，可缩短内浇道的距离。生产铸件时采用顶注和侧注，铸件表面出现碳缺陷的几率低，但卷入铸件内部的碳缺陷常常出现。

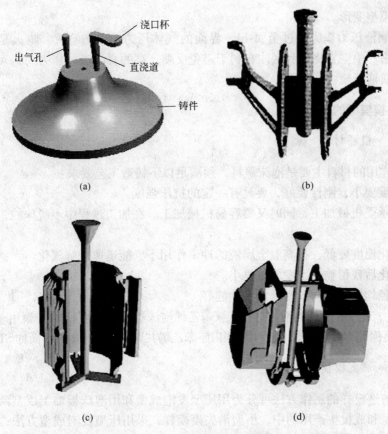

图 2-3　消失模铸造的浇注方式
(a) 顶注；(b) 侧注；(c) 底注；(d) 阶梯式注入

c　底注

从底部模型引入金属液，上升平稳，充型速度慢，铸件表面容易出现碳缺陷，尤其厚大件更为严重，因此将厚大平面置于垂直方向而非水平方向。底注工艺有利于金属液充型，金属液前沿的分解产物在界面空隙中排出的同时，又能够支撑干砂型壁。一般厚大件应采用底注方式。

d　阶梯式注入

分两层或多层引入金属时，采用中空直浇道。像传统空型砂铸工艺一样，底层内浇道引入金属液最多，上层内浇道也同时进入金属液。但是如果采用实心浇道时，大部分金属液从最上层内浇道引入金属，多层内浇道作用减弱。阶梯浇道引入容易引起冷隔缺陷，一般在浇注高大铸件时采用。

C　浇道比例和引入位置

(1) 引入金属液流，应使充型过程连续不断供应金属液，液体金属必须支撑干砂型壁，采用封闭式浇注系统最为有利（即内浇道最小）。

(2) 浇注系统的形式与传统工艺不同，不考虑复杂结构形式（如常用的离心式、阻流式、牛角式等），尽量减少浇注系统组成；常常不设横浇道，只有直浇道和内浇道，以缩短金属流动的距离；形状简单，以圆形、方形和长方形为主。

(3) 直浇道与铸件之间的距离（即内浇道的长度），应保证充型过程中不会因温度升高而使泡沫模型变形。

（4）金属液压力头应超过金属-EPS 界面的气体压力，以防呛火。呛火是金属液从直浇道反喷出来。中空直浇道和底注有利于避免反喷，高的直浇道（压力头）可提高铸件质量和防止金属液反喷。

2.1.2　消失模模样的制作

2.1.2.1　模样材料

制作模样用的材料主要是泡沫塑料，须满足以下铸造工艺要求：

（1）密度要小，刚性要好，要具有一定的抗压强度。

（2）能承受机械加工，同时又要容易机械加工。在加工过程中不脱珠粒，容易得到光洁的外表面。

（3）气化温度要低，在高温金属液的冲击作用下，能迅速分解气化。

（4）气化后残留物少，发气量要小。

（5）孔径均匀，结构致密，加工性能好。

常用于生产消失模模样的泡沫材料有聚苯乙烯泡沫塑料（简称 EPS）、聚甲基丙烯酸甲酯泡沫塑料（简称 EPMMA）、聚甲基丙烯酸甲酯-苯乙烯共聚树脂泡沫塑料（简称 STMMA）等。

2.1.2.2　消失模模样的制作

消失模铸造模样的制作方法可分为用压型发泡成型和用泡沫板加工成型两种。一般来说，对于大量和成批生产用的中、小型消失模模样，采用压型发泡成型方法；对单件和小批生产用的大中型模样，采用泡沫板加工方法制造。模样制备工艺过程如图 2-4 所示。

A　压型发泡成型

压型发泡成型方法的制造主要分为两个步骤：第一步是珠粒的预发泡及熟化，获得所需的容积密度；第二步是发泡成型。

a　预发泡

为了获得密度低、泡孔均匀的泡沫塑料模样或泡沫塑料模板，必须将树脂珠粒在模样成型前进行预发泡。珠粒的预发泡质量对模样成型加工和质量影响甚大。根据加热介质及加热方式的不同，其方法有多种。但目前大多采用蒸气预发泡。

（1）蒸汽预发泡原理。当树脂珠粒被蒸汽加热到软化温度之前，珠粒并不发泡，只是发泡剂外逸。当温度升到树脂软化温度时，珠粒开始软化具有塑形。由于珠粒中的发泡剂受热气化产生压力，使主力膨胀，形成互不相同的蜂窝状结构。泡孔一旦形成，蒸汽就向泡孔渗透，使泡孔内的压力逐渐增大，泡孔进一步胀大。在泡孔胀大过程中发泡剂向外扩散外逸，直至泡孔内外压力相等时才停止胀大。冷却后，发泡珠粒固定下来。

（2）发泡工艺过程及操作参数。珠粒预发泡一般是在间歇式预发泡机（见图 2-5）中进行的。不同预发机操作参数不同，但操作工艺过程基本相同：预热→加料→加热发泡→出料→干燥→清理料仓。

预热的目的是为了减少预发泡桶中的水分，缩短预发时间。当预热温度达到要求后，即可将已准备好的料加入预发机中。

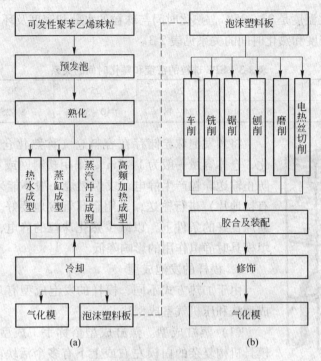

图 2-4　消失模模样的制造工艺过程

(a) 压型发泡成型；(b) 用泡沫板加工制造

b　预发泡珠粒的熟化

刚出料的珠粒冷却后，泡孔内的发泡剂和水蒸气冷却液化，使泡孔内形成真空。在熟化过程中，空气向泡孔渗透，使珠粒内外压力趋于平衡。

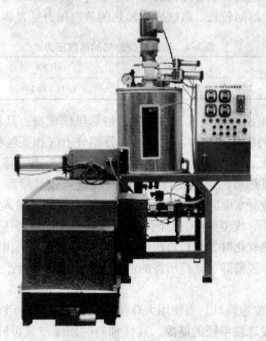

图 2-5　间歇式预发泡机

珠粒最佳熟化温度是 23～25℃，熟化时间与珠粒的水分和密度及环境的温度、湿度有关。EPS 珠粒的密度和熟化时间的关系见表 2-3。

表 2-3　EPS 珠粒的密度和熟化时间的关系

表观密度/g·L⁻¹	15	20	25	30	40
最佳熟化时间/h	48～72	24～48	10～30	5～25	3～20

图 2-6　熟化仓

将预发泡珠粒储存在容料仓（称熟化仓，见图 2-6）中熟化，仓体容量一般为 1～5m³，采用塑料网或不锈钢网制成。为防止输送珠粒产生静电，戊烷燃烧一般不能采用塑料管（要带有接地片）进行输送，采用金属管接地要好。熟化仓应放置在通风良好的条件下，以减少熟化珠粒的静电，使制模操作中充填模具时静电作用的影响降低。

c　模样的发泡成型

由于加热方式不同，模样的发泡成型有多种方法，如蒸缸成型法和压机气室成型法。

（1）蒸缸成型。蒸缸成型俗称手工成型，其成型过程为：模具机构复杂的白模左右或上下有多个活块需用人工拆卸，白模需求量大，白模整个成型不需要粘接。将熟化好的珠粒由料枪填满模具型腔后，放入蒸缸内，通入蒸汽并控制压力和温度。发泡成型后从蒸缸中取出，冷却定型、脱模。

由于蒸缸成型时珠粒的发泡主要是加热蒸汽通过气孔渗入珠粒间，于是珠粒间既有蒸汽又有空气和冷凝水，这就要求有充裕的时间让空气和冷凝水经气孔排出。因此，蒸缸成型珠粒的膨胀速度慢、时间较长。蒸缸成型加热的蒸汽压力见表 2-4。

表 2-4　蒸缸成型加热的蒸汽压力

模样材料	EPS	StMMA	EPMMA
蒸汽压力/MPa	0.10～0.12	0.11～0.15	0.15～0.18

（2）蒸汽压室成型法。模具压气室成型，俗称压模成型，是将预发泡熟化后的珠粒经料枪填满带有气室的模具型腔内。模具水平分型分上气和下气柜两部分，上气柜固定于成型机的移动模板上，下气柜固定于成型机的固定模板上。移动模板上升或下降，完成开合模动作成型。过热蒸汽通过模具壁上的气孔进入模具型腔，从珠粒之间的间隙通过，将其中的空气和冷凝水驱除，使蒸汽很快充满珠粒之间并渗入泡孔内。当泡孔内的压力，即发泡剂的蒸汽压、成型温度下的饱和蒸汽压和空气受膨胀压的总和远大于珠粒所受外界压力，且珠粒受热软化时，珠粒再次膨胀发泡成型。随后再由气室通过冷却水使模具和成型模样冷却定型，脱模即可获得所需的泡沫塑料模样或模片。压气室成型的工艺过程如图 2-7 所示。

1）闭模：闭合模发泡模具。当使用大珠粒料（如包装材料用 EPS 珠粒）时，往往在分型面处留有小于预发珠粒半径的缝隙，这样加料时压缩空气可同时从气塞和缝隙排除，有利于珠粒快速填满模腔；而在通蒸汽加热时，珠粒间的空气和冷凝水又可同时从气孔和

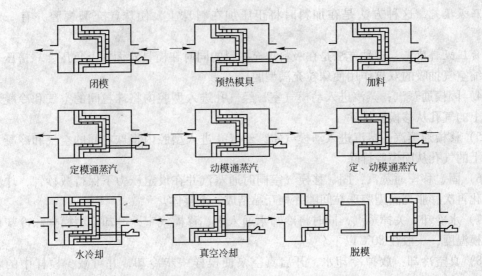

图 2-7　压气室成型工艺示意图

缝隙排出模腔。但是当采用消失模铸造模样专用料时，因珠粒粒径小，一般闭合模时不留缝隙，珠粒间的空气和冷凝水只能从气塞中排出模腔。另外，留有缝隙的做法，在模样分型面处往往会产生飞边。

2）预热模具：在加料前预热模具是为了减少珠粒发泡成型时蒸汽的冷凝，缩短发泡成型时间。

3）加料：打开定、动模气室的出气口，用压缩空气加料器通过模具的加料口把预发泡珠粒吹入模腔内，待珠粒填满整个模腔内，即用加料塞子塞住加料口。

加料时珠粒发泡形成的基础，若加料方法不当，导致型腔内珠粒充填不实或不均匀，即使模具和珠粒再好，也会造成模样缺陷。因此，加料方法是发泡成型工艺的重要工序之一。

目前生产上普遍采用的加料方法有三种，即吸料填充、压吸填充和负压吸料填充。

吸料填充，是我国目前生产厂家普遍采用的加料方法。这种方法是用普通料枪文托管，利用压缩空气将珠粒吸入模腔内。对于型腔形状简单的模具，用这种方法加料效果较好。但是对于型腔形状比较复杂的模具，这种方法不能使珠粒完全充满型腔。

普通料枪结构如图 2-8 所示。

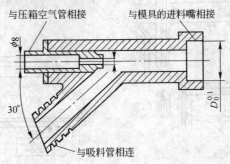

图 2-8　普通料枪结构示意图

压吸填充，这种方法是在加料时将正压加在料珠上，使珠粒充满模腔并有一定紧实度。

负压吸料填充，这种方法是在吸料填充加料的同时在模具背面加上负压，靠挤压牵引和压缩空气抽吸的双重作用使珠粒充满型腔。

4) 固模通蒸汽：蒸汽进入动模气室，经气孔进入型腔内将珠粒间的空气和冷凝水由模壁上的气孔从移模腔排除。

5) 移模通蒸汽：蒸汽进入动模气室，经气孔进入型腔内将珠粒间的空气和冷凝水由模壁上的气孔从固模腔排除。

6) 固、移模通蒸汽：固、移模气室同时通蒸汽并在设定压力下保持数秒钟，珠粒受热软化再次膨胀充满型腔珠粒间隙并相互黏结成一个整体。

7) 水冷却：关掉蒸汽，同时将冷却水通入固、移模气室，冷却定型模样和冷却模具至脱模温度，一般在 80℃ 以下。

8) 真空冷却：放掉冷却水，开启真空泵使模样一步冷却，并可减少模样中的水分含量。

9) 开模与脱模：开启压机上的模具，选定合适的取模方式，如水汽叠加、机械顶杆和真空吸盘等装置，把模样取出。

B　泡沫模样的加工成型

泡沫塑料模样的加工成型是用机械加工或手工将泡沫塑料板做成模样的各部分，然后按零件的尺寸要求粘接成泡沫塑料模样，可用于单件或小批量生产的铸件。

a　模样的机械加工

泡沫塑料板系多孔蜂窝状组织，密度低，导热性差。泡沫塑料它的加工原理与木材和金属材料的加工不同，加工刀具应锋利，并以极快速度进行切削。

b　模样的手工加工

对于一些形状复杂、不规范的异型模样，主要依靠手工加工成型。所以，泡沫塑料模样制造质量的优劣很大程度上取决于制模工的操作水平。一般根据铸件的结构将铸件分成若干部分，设计样板，用电阻切割仪进行切割，粘接成消失模模样。电阻切割仪按切割方向不同分为水平电阻切割仪和垂直电阻切割仪，见图 2-9 和图 2-10。

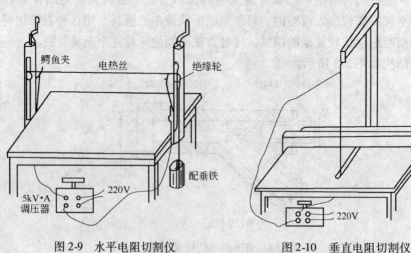

图 2-9　水平电阻切割仪　　　　　　图 2-10　垂直电阻切割仪

（1）切割操作要点

进料速度要保持均匀，不宜太快，同时也不能过慢。因为进料速度过慢会使泡沫塑料板材熔融过剩，使加工面凹凸不平。

在电阻丝直径一定的情况下，电流电压要控制适当。电阻丝温度过高时，泡沫塑料气化过快，切割出来的表面极不平整；温度太低，切割起来费劲，表面也不平整。

（2）样板设计制作

对于简单模型，可利用电阻丝切割装置，将泡塑板材切割成所需的模型。对于复杂模型，一般利用电阻切割成形时，须根据铸件结构、形状将模样分解成若干部分，设计样板，通过切割、粘接成消失模模样。在用电阻切割成形时，需要设计制作一些相应的样板，如图 2-11 所示。设计样板时：

样板尺寸 = 模样尺寸 ± 烧损量（一般烧损量为 0.5 ~ 1mm）

（3）模样的装配

将切割好的泡沫以及浇冒口模型组合黏结在一起，形成模型簇，目前使用的黏结材料有橡胶乳液、树脂溶剂和热熔胶及胶带纸。考虑到消失模铸造的特点，黏结剂应满足下列工艺要求：黏结强度高，大于 100kPa；快干性好，黏结好转移时不宜错位；软化、气化点低；气化残留物少，发气量小。

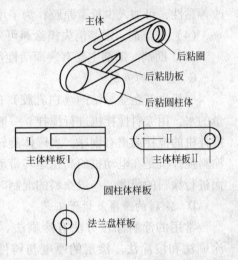

图 2-11　铸件样板及粘接

2.1.2.3　消失模铸造涂料的配制

A　消失模铸造涂料的性能要求

消失模铸造涂料应符合下列要求：

（1）有较高的耐火度和化学稳定性，在浇注时不能被高温金属融化或与金属氧化物发生化学反应，形成机械粘砂。

（2）有较好的涂挂性和附着性，能均匀致密地涂挂在泡沫塑料模样表面。

（3）涂料层有较高的强度和刚度，使模样在搬运和合箱过程中不会被损坏，在干燥后能保持模样不变形，在浇注时能承受由于模样气化而产生的型砂背压力。

（4）涂料有较好的高温透气性，能随着浇注金属液面推进，将消失模气化产生的气体以及型腔内的空气顺利地从涂层经砂型壁排到型外。

B　原材料的选择

（1）耐火粉料的选择。耐火粉料根据铸造合金的种类确定。铸钢件的温度较高，要选用耐火度高的耐火材料，对于厚大的碳钢件和合金钢铸件，可选用锆英粉、白刚玉粉作耐火材料；对中小型铸钢件，可选用棕刚玉粉、铝矾土和石英砂，或者以锆英粉为主，加一部分莫来石粉；对于锰钢铸件，要选用镁砂粉或镁橄榄石粉，以免形成 $MnO \cdot SiO_2$ 化学粘砂；对于大型铸铁件，应选用锆英粉、鳞片石墨为主的耐火材料；对于中小型铸铁件，可选用土状石墨、铝矾土、石英粉、镁砂粉等耐火材料，还可以添加一定数量的云母、硅灰石、黑曜石以改善涂层的高温透气性；对于铝合金铸件，可选用滑石粉、云母粉、蛭石粉。为了保证涂层的高温透气性，所选用的耐火粉料应有合理的粒度配级。

（2）载液的选择。对于消失模涂料，考虑到环保、施涂、烘干、发气量、成本等方面的要求，一般采用水做载液，即水基涂料。

（3）黏结剂。水基涂料可选用白乳胶（聚醋酸乙烯乳液）、水溶性酚醛树脂等，为了改善黏性，可加入少量黄原胶；为了增加高湿强度，可添加少量黏土。

（4）悬浮剂。水基消失模涂料可采用钠基膨润土或锂基膨润土做悬浮剂。

（5）助剂。助剂主要有表面活性剂、消泡剂和防腐剂。

C　涂料的混制

一般生产企业黏结剂（白乳胶）的加入量按所加涂料粉重量的 6% ~ 8%，然后加适量的水，用涂料搅拌机进行搅拌。一般涂料搅拌机的类型有滚筒式和叶轮式。滚筒式涂料搅拌机的搅拌罐里有钢球，当罐体旋转时，钢球通过往复旋转、碰撞来研磨涂料。叶轮式涂料搅拌机是在电动机的高速运转带动下叶轮快速转动，涂料在惯性的作用下与罐壁碰撞而进行涂料的研磨。一般涂料的混制时间不应小于 3h。

D　涂料的涂覆及烘干工艺

常用的涂料涂覆方法有涂刷法、浸涂法、喷涂法和流涂法四种，其中最常用的有涂刷法和浸涂法。涂层的厚度与铸件尺寸的大小有关，一般在 0.5 ~ 1mm 之间，一般浸刷涂料分 2 ~ 3 次进行，第一次是将易粘砂（一般出现在铸件死角处和浇道上）处模样上进行涂刷，等第一次涂层干后才能刷第二次。第一次涂刷时涂料应较稀，第二次涂料较稠。

涂料层的烘干温度应在 40 ~ 50℃ 之间，一般刷完涂料 24h 后，才可进行下一次涂料的涂刷，且在造型前应一直将模样放置在烘干间中，防止涂料层吸潮。

任务 2.2　消失模铸造的干砂造型

【任务描述】

　　学生根据给定的干砂造型任务，首先认识造型材料、造型设备，同时认真学习本部分知识点，要求学生按照制定的消失模铸造干砂造型工艺，能够操作造型设备，通过协作最终完成干砂造型，在此过程中学习相关知识与实际操作技能。

【学习目标】

　　（1）能够根据生产的铸件材质，合理选定干砂，了解当今消失模铸造用的人造硅砂（刚玉砂）的性能及配制方法；

　　（2）掌握造型循环生产线各设备的工作原理，了解当前国内先进的造型循环生产线设备；

　　（3）能制定造型工艺，掌握干砂造型操作方法。

2.2.1　干砂充填紧实工艺设计

2.2.1.1　干砂技术要求

常用的干砂是石英砂，黑色金属铸件选用粒度在 AFS40～60 之间，铸铝件可选用细砂 AFS50～100。不同铸件种类对干砂性能的要求见表 2-5。干砂中含有大量粉尘会降低透气性，浇注时阻碍气体的排出。砂粒较粗大容易出现粘砂，铸件表面粗糙。

表 2-5　不同铸件种类对干砂性能的要求

铸件种类	干砂种类	筛　号	SiO₂含量/%	颗粒形状	备　注
铸铁件	天然石英砂	40～70 或 20～40	>90	圆形或半多角形	灰分含量低，干燥
铸钢件		40～70 或 20～40	>95		
铸铝件		50～100			

圆砂或多角形的干砂可提高透气性，一般干砂粒度分布要集中于一个筛号上，有助于保持透气性，圆砂的流动性和紧实性最好；多角型砂流动性差，但适当紧实后抗粘砂性能较好；一般不使用复合形干砂，因为它们在使用中容易破碎，会产生大量的粉尘。

干砂粒度分布的变化对流动性、透气性、紧实性能会产生重要的影响，因此应在干砂处理过程中加以控制。干砂在使用前应进行筛分、除尘、去磁和冷却（在重复使用时，应保证干砂的温度在 50℃ 以下才能使用，防止模型软化造成变形）等处理。

2.2.1.2　振动台应用

紧砂工序需要振动，振动后砂子密度可增加 10%～20%。振动紧实砂子最好在填砂过程中进行，以便使砂子充入模型簇内部空腔，保证干砂紧实而模型不发生变形。选择振动频率时，必须避免砂箱与振动台共振。

振动时间的长短会影响铸型密度，时间长密度高，但时间过长效果不再明显，反而容易破坏模型和涂料层，影响铸件质量。在填砂期间振动完成砂子紧实，同时还使得操作时间更合理。快速填砂和紧实可提高生产效率，减小模型变形。

填砂操作注意事项：

（1）填砂前应检查砂箱抽气室隔离筛网有无破坏；

（2）填砂埋型过程中不能损伤模型，不使涂料层脱落；

（3）加砂速度要均匀，不能太快。模型内外均匀提高砂柱高度，特别注意防止长杆及其他刚度低的模型弯曲变形；

（4）对特别难填砂部位，应辅助人工充填，也可使用自硬砂芯解决局部填砂困难的部位；

（5）干砂的温度必须低于 50℃；

（6）顶部吃砂量应不小于 50mm；

（7）加砂工序需要加强局部抽风罩，防止粉尘污染。

2.2.1.3　真空砂箱设计

砂箱是铸造生产过程中最重要的工装之一。设计和选用砂箱一般需要考虑如下基本原则：

（1）满足铸造工艺要求。如砂箱和模样间应有足够的吃砂量、不严重阻碍铸件收缩等。

（2）有足够的强度和刚度，使用中不断裂或不发生过大变形。

（3）经久耐用，便于制造。

（4）应尽可能标准化、系列化、通用化。

可抽真空砂箱是消失模铸造的重要设备，其合适与否是获得优质铸件的重要因素之一。真空砂箱要有一定的通用性，以减少砂箱种类和数量；要求有足够的强度、刚度，在震动紧实、砂箱运输过程中不得产生变形。

砂箱形状有方形和圆形两种，方形砂箱居多，圆形砂箱一般设计方形底座，以便在流水线运转及组箱造型、翻箱操作。

真空砂箱结构见图 2-12，一般有以下几种形式：

（1）两种抽气式砂箱。这种形式的砂箱又可分为单气室和双气室两种。

（2）底抽气式砂箱。

（3）导管抽气式砂箱。

（4）组合抽气式砂箱。即根据需要，可以将侧抽与底抽、导管抽气等方式组合起来使用。

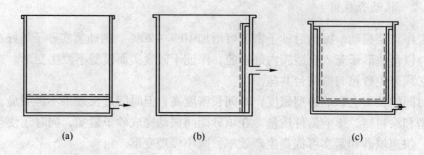

（a）　　　　　　　　　（b）　　　　　　　　　（c）

图 2-12　消失模铸造用真空砂箱

（a）底抽式；（b）侧抽式；（c）双层砂箱（可五面全抽）

2.2.2　消失模铸造的造型和设备操作

2.2.2.1　造型操作

造型操作其工序包括如下工序：砂床制备—放置 EPS 模型—填砂—密封定型。

A　砂床制备

将带有抽气室的砂箱放在振动台上，并卡紧。底部放入一定厚度的底砂（一般砂床厚度在 50~100mm 以上），振动紧实。

型砂为无黏结剂、无添加物、不含水的干石英砂。黑色金属温度高，可选用较粗的砂，铝合金采用较细砂子。型砂经处理后要反复使用。

B 放置 EPS 模型与填砂

按工艺要求，将上好涂料的模样簇放入砂箱，边填砂，边振动。边填砂边振动的目的有利于干砂流动并充满模样内部的空腔；同时使干砂充分紧实，提高砂型的强度，能够承受浇注时金属液的压力。

加入干砂，同时施以振动（x、y、z 三个方向），时间一般为 30~60s，使型砂充满模型的各个部位，且使型砂的堆积密度增加。

C 密封定型

砂箱表面用塑料薄膜密封，用真空泵将砂箱内抽成一定真空，靠大气压力与铸型内压力之差将砂粒"黏结"在一起，维持铸型浇注过程不崩散，称之为"负压定型"。

D 浇注置换

实型铸造浇注时，在液体金属的热作用下，EPS 模型发生热解气化，产生大量气体，不断通过涂层型砂，向外排放，在铸型、模型及金属间隙内形成一定气压，液体金属不断地占据 EPS 模型位置，向前推进，发生液体金属与 EPS 模型的置换过程。置换的最终结果是形成铸件。

浇注操作过程采用慢—快—慢。并保持连续浇注，防止浇注过程断流。浇后铸型真空维持 3~5min 后停泵。浇注温度比砂型铸造的温度高 30~50℃。

E 冷却清理

冷却后，实型铸造落砂最为简单，将砂箱倾斜吊出铸件或直接从砂箱中吊出铸件均可，铸件与干砂自然分离。分离出的干砂处理后重复使用。

2.2.2.2 造型循环生产线操作

消失模铸造生产线主要由三维线性振动台、砂处理系统和真空系统组成，下面逐一介绍。

A 三维线性振动台

三维线性振动台（见图 2-13）通过对砂箱的微振动对型砂进行振实和对型腔的填充，是造型工部的主要设备。

图 2-13 三维线性振动台

a　操作方法

三维振动台的操作步骤有电气联锁，用来规范操作和保护设备。启动操作顺序为：夹紧—提升—振动启动；停止顺序为：振动停止—下降—松开。通过对 X 相、Y 相、Z 相的选择开关调节激振力方向，通过对频率调节旋钮调节振动频率。振动频率范围 0～50Hz，频率越高，激振力越大。选择合适的振动频率和振动时间，对于铸件的产品质量有重要作用。

b　注意事项

（1）振动台的夹紧提升都是由压缩空气提供动力，因此使用过程中要保证压缩空气气源的稳定和充足。压缩空气气源压力不低于 0.4MPa，不高于 0.7MPa。气压由控制柜下部的调压过滤器调节。

（2）振动台使用过程中如发现噪声突然增大，要马上停机检修。

（3）振动台工作过程中，工作人员要站在工作台面上，不要随意踩踏夹紧机构等部位，注意工作安全。

（4）操作振动台时，确认夹紧机构夹住砂箱，待振动台上台面完全升起后再启动，防止损坏设备。

B　砂处理系统

砂处理系统由落砂架、落砂斗、水平筛分装置、斗式提升机、造型砂斗和除尘设备等构成。石英砂在砂处理线中的循环过程为：落砂—水平筛分—斗式提升机—造型—浇注—落砂。砂处理是消失模生产线中的重要组成部分，通过砂处理，可以起到洁净石英砂，降低砂温、除尘的作用，使型砂连续使用。

a　操作方法

砂处理系统的启动和停止都有电气联锁，用来规范操作和保护设备。设备的启动顺序为：除尘启动—斗式提升机启动—水平筛分启动；停止的顺序为：水平筛分停止—斗式提升机停止—除尘停止。停机时，关闭水平筛分装置并等待一段时间后再关闭斗式提升机（约 30s），避免斗提底部积砂过多。

b　注意事项

（1）定期对设备进行维护和保养，保持设备的整洁。

（2）造型砂斗内的储砂量不能高过斗式提升机的下砂口，避免堵塞斗提。

（3）水平筛分装置在运行过程中有轻微噪声，但如果噪声突然增大，要立即停机检修，查看振动电机紧固螺栓及偏心块是否松动。

（4）定期对除尘器内部积灰进行清理，避免堵塞布袋，降低除尘效果。

（5）斗式提升机在运行一段时间后会出现皮带松弛现象，检修时通过调节带轮张紧皮带。

2.2.2.3　真空系统

真空系统由负压分配装置、真空泵、除尘罐、稳压罐、水气分离器及相关管路组成，如图 2-14 所示。在浇注过程中，适当的负压值和保压时间选择有助于金属液充型和铸件冷却。

A　使用方法

真空泵的启动方法为：首先启动真空泵，然后打开循环水进水阀门，适当调节进水量，

图 2-14　真空系统

在真空值达到正常范围之后打开进气口闸阀。通过负压分配器上的手动球阀控制浇注的负压真空度。停机时，首先关闭进气口闸阀，随后关闭循环水进水，打开分配器上吸气口，等待一段时间后再关闭真空泵。注意操作顺序不能颠倒，否则会造成真空泵内的水被负压抽到前端稳压罐内。

B　注意事项

（1）真空泵启动前要先手动盘泵，确定叶轮可以用手盘动后再启动真空泵，防止电机重载启动。

（2）泵使用过程中如发现噪声突然增大或电机负荷突然升高，要马上停机检修。

（3）保证循环水进水的清洁度，否则进入系统的杂质会对泵体造成很大损坏。

（4）设备长时间不使用时，要将水气分离器和真空泵泵体内的水排出，防止设备锈蚀。

（5）若环境温度过低，在停泵后要及时排净泵内的水，防止结冰。

（6）定期打开除尘罐和稳压罐底部放水阀门，清除罐内的积水和杂物。

任务 2.3　消失模铸造铝合金的熔炼与浇注

【任务描述】

　　教师预先给定浇注任务，学生对浇注铝合金铸件所需要的铝合金液进行估算，确定配制铝合金的重量，通过铝合金的配料计算确定原铝锭、中间合金以及纯金属的加入量；用中频感应电炉完成该批次铝合金的熔炼工作，最终完成浇注任务。在此过程中学习相关知识与相关设备的操作技能。

【教学目标】

　　（1）掌握铸造铝合金的基本知识，能够完成铝合金的配料计算；

　　（2）学会中频感应电炉开启、维护操作，能够打结炉衬和制定烘炉工艺；

　　（3）能够制定铝合金的熔炼工艺，合作完成铝合金的熔炼操作；

　　（4）能够制定消失模铸造的负压浇注工艺，学会消失模铸造的浇注操作。

2.3.1　铸造铝合金

2.3.1.1　铸造铝合金的分类

铸造铝合金密度低，塑性高，具有良好的导电、导热、耐蚀性能；力学性能好，铸造性能也好，在航空工业、机械制造、电气工业、铁路运输及日用工业中得到广泛应用。

在铝中加入硅、铜、镁、锰、锌等强化元素，使合金具有更高的强度，更好的流动性气密性和加工性能。按加入元素的不同分为四类：铝硅合金系、铝铜合金系、铝镁合金系和铝锌合金系，下面逐一介绍：

（1）铝硅合金系。该合金系又称"硅铝明"，一般含硅量 4% ~ 22%。铝硅系合金具有优良的铸造性能，经过变质处理和热处理之后，具有良好的力学性能、物理性能、耐蚀性能和中等的可切削加工性能，是铸造铝合金中品种最多、用途最广的合金系。

（2）铝铜合金系。该合金系中含铜量为 3% ~ 11%。铝铜系合金具有良好的切削性能和焊接性能，较高的高温强度，但铸造性能和耐腐蚀性能比较差。这类合金在航空产品上应用比较广，主要用于制作承受大载荷的结构件和耐热零件。

（3）铝镁合金系。该系合金密度小，镁的含量为 4% ~ 11%，具有较高的力学性能、优良的耐腐蚀性能，良好的加工性能，加工表面光亮美观。该类合金熔炼和铸造工艺较复杂，除用作耐蚀合金外，也可用于铸造装饰件。

（4）铝锌合金系。锌在铝中的溶解度很大，当铝中加入锌高于 10% 时，能显著提高合金强度。该类合金有自然时效倾向，铸造后不需热处理就能得到较高的强度。这类合金的缺点是耐蚀性能较差，密度高，铸造时容易出现产生热裂，主要用于做合金仪表壳体类零件。

我国铸造铝合金的标示系统见图 2-15。

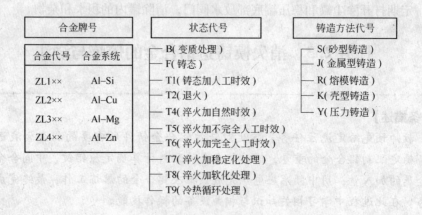

图 2-15　铸造铝合金牌号、状态和铸造方法标示系统

注：1. 如为铸造合金锭，则在 ZL 后加 D（即 ZLDXXX）；如为优质，则在代号后
　　加 A（如 ZLXXXA）。ZLD101A 表示铝硅合金系 ZL101 优质合金锭。

　　2. 需表示状态时，在合金代号后用短线将状态代号连接。

　　3. 铸造方法代号不写入合金代号中。

2.3.1.2 铸造铝合金的化学成分

铸造铝合金的化学成分见表2-6～表2-13。

表2-6 Al-Si 合金的化学成分（GB/T1173—1995）

合金牌号	合金代号	主要元素/%					
		Si	Cu	Mg	Mn	Ti	其他
ZAlSi7Mg	ZL101	6.5～7.5	—	0.25～0.45	—	—	—
ZAlSi7MgA	ZL101A	6.5～7.5		0.25～0.45	—	0.08～0.20	—
ZAlSi12	ZL102	10.0～13.0	—	—	—	—	—
ZAlSi9Mg	ZL104	8.0～10.5		0.17～0.35	0.2～0.5		—
ZAlSi5Cu1Mg	ZL105	4.5～5.5	1.0～1.5	0.4～0.6	—	—	
ZAlSi5Cu1MgA	ZL105A	4.5～5.5	1.0～1.5	0.4～0.55			
ZAlSi8Cu1Mg	ZL106	7.5～8.5	1.0～1.5	0.3～0.5	0.3～0.5	0.10～0.25	—
ZAlSi7Cu4	ZL107	6.5～7.5	3.5～4.5				—
ZAlSi12Cu1Mg1	ZL108	11.0～13.0	1.0～2.0	0.4～1.0	0.3～0.9		
ZAlSi12Cu1Mg1Ni1	ZL109	11.0～13.0	0.5～1.5	0.8～1.3			Ni0.8～1.5
ZAlSi5Cu6Mg	ZL110	4.0～6.0	5.0～8.0	0.2～0.5			—
ZAlSi9Cu2Mg	ZL111	8.0～10.0	1.3～1.8	0.4～0.6	0.1～0.35	0.1～0.35	
ZAlSi7Mg1A	ZL114A	6.5～7.5	—	0.45～0.65		0.1～0.2	—
ZAlSi5Zn1Mg	ZL115	4.8～6.2		0.4～0.65		Zn1.2～1.8	Sb0.1～0.25
ZAlSi8MgBe	ZL116	6.5～8.5	—	0.35～0.55		0.1～0.3	Be0.15～0.4

表2-7 Al-Si 合金的杂质限量（GB/T1173—1995）

合金牌号	合金代号	杂质限量/%（≤）												杂质总和	
		Fe		Cu	Mg	Zn	Mn	Ti	Zr	Ti+Zr	Be	Ni	Sn	Pb		
		S	J												S	J
ZAlSi7Mg	ZL101	0.5	0.9	0.2		0.3	0.35			0.25	0.1		0.01	0.05	1.1	1.5
ZAlSi7MgA	ZL101A	0.2	0.2	0.1		0.1	0.1		0.2				0.01	0.03	0.7	0.7
ZAlSi12	ZL102	0.7	1.0	0.3	0.1	0.1	0.5	0.2							2.0	2.2
ZAlSi9Mg	ZL104	0.6	0.9	0.1		0.25				0.15			0.01	0.05	1.1	1.4
ZAlSi5Cu1Mg	ZL105	0.6	1.0			0.3	0.5			0.15	0.1		0.01	0.05	1.1	1.4
ZAlSi5Cu1MgA	ZL105A	0.2	0.2			0.1	0.1						0.01	0.05	0.5	0.5
ZAlSi8Cu1Mg	ZL106	0.6	0.8			0.2							0.01	0.05	0.9	1.0
ZAlSi7Cu4	ZL107	0.5	0.6		0.1	0.3	0.5						0.01	0.05	1.0	1.2
ZAlSi12Cu1Mg1	ZL108		0.7			0.2		0.2				0.3	0.01	0.05		1.2

续表 2-7

合金牌号	合金代号	Fe		Cu	Mg	Zn	Mn	Ti	Zr	Ti+Zr	Be	Ni	Sn	Pb	杂质总和	
		S	J												S	J
ZAlSi12Cu1Mg1Ni1	ZL109		0.7			0.2	0.2	0.2					0.01	0.05		1.2
ZAlSi5Cu6Mg	ZL110		0.8			0.6	0.5						0.01	0.05		2.7
ZAlSi9Cu2Mg	ZL111	0.4	0.4			0.1							0.01	0.05	1.0	1.0
ZAlSi7Mg1A	ZL114A	0.2	0.2				0.1	0.1		0.2			0.01	0.05	0.75	0.75
ZAlSi5Zn1Mg	ZL115	0.3	0.3	0.1			0.1						0.01	0.05	0.8	1.0
ZAlSi8MgBe	ZL116	0.6	0.6	0.3		0.3	0.1			0.2	B0.1		0.01	0.05	1.0	1.0

表 2-8　**Al-Cu 合金的化学成分**（GB/T1173—1995）

合金牌号	合金代号	主要元素/%					
		Cu	Mg	Mn	Ti	其他元素	Al
ZAlCu5Mn	ZL201	4.5~5.3		0.6~1.0	0.15~0.35		余量
ZAlCu5MnA	ZL201A	4.8~5.3		0.6~1.0	0.15~0.35		余量
ZAlCu4	ZL203	4.0~5.0					余量
ZAlCu5MnCdA	ZL204A	4.6~5.3		0.6~0.9	0.15~0.35	Cd0.15~0.25	余量
ZAlCu5MnCdVA	ZL205A	4.6~5.3		0.3~0.5	0.15~0.35	Cd0.15~0.25 V0.05~0.3 Zr0.05~0.2 B0.005~0.06	余量
ZAlRe5Cu3Si2	ZL207	3.0~3.4	0.15~0.25	0.9~1.2		Ni0.2~0.3 Zr0.15~0.25 Si1.6~2.0 RE4.4~5.0	余量

表 2-9　**Al-Cu 合金的杂质含量**（GB/T1173—1995）

合金牌号	合金代号	Fe		Si	Mg	Zn	Mn	Zr	Ni	Sn	Pb	杂质总和	
		S	J									S	J
ZAlCu5Mn	ZL201	0.25	0.3	0.3	0.05	0.2		0.2	0.1			1.0	1.0
ZAlCu5MnA	ZL201A	0.15		0.1	0.05	0.1		0.15	0.05			0.4	
ZAlCu4	ZL203	0.8	0.8	1.2	0.05	0.25	0.1	0.1	Ti0.2	0.01	0.05	2.1	2.1
ZAlCu5MnCdA	ZL204A	0.15	0.15	0.06	0.05	0.1		0.15	0.05			0.4	
ZAlCu5MnCdVA	ZL205A	0.15	0.15	0.06	0.05							0.3	0.3
ZAlRe5Cu3Si2	ZL207	0.6	0.6			0.2						0.8	0.8

表 2-10　**Al-Mg 合金的化学成分**（GB/T1173—1995）

合金牌号	合金代号	主要元素/%						
		Si	Mg	Zn	Mn	Ti	其他	Al
ZAlMg10	ZL301		9.5~11.0					余量
ZAlMg5Si	ZL303	0.8~1.3	4.5~5.5		0.1~0.4			余量
ZAlMg8Zn1	ZL305		7.5~9.0	1.0~1.5		0.1~0.2	Be0.03~0.1	余量

表 2-11　**Al-Mg 合金的杂质含量**（GB/T1173—1995）

合金牌号	合金代号	杂质限量/%（≤）												
		Fe		Si	Cu	Zn	Mn	Ti	Zr	Be	Ni	Sn	Pb	杂质总和	
		S	J											S	J
ZAlMg10	ZL301	0.3	0.3	0.3	0.10	0.15	0.15	0.15	0.20	0.07	0.05	0.01	0.05	1.0	1.0
ZAlMg5Si	ZL303	0.5	0.5		0.10	0.2		0.2						0.7	0.7
ZAlMg8Zn1	ZL305	0.3			0.2	0.10		0.1						0.9	

表 2-12　**Al-Zn 合金的化学成分**（GB/T1173—1995）

合金牌号	合金代号	主要元素/%					
		Si	Mg	Zn	Ti	其他	Al
ZAlZn11Si7	ZL401	6.0~8.0	0.1~0.3	9.0~13.0			余量
ZAlZn6Mg	ZL402		0.5~0.65	5.0~6.5	0.15~0.25	Cr0.4~0.6	余量

表 2-13　**Al-Zn 合金的杂质含量**（GB/T1173—1995）

合金牌号	合金代号	杂质限量/%（≤）						
		Fe		Si	Cu	Mn	Sn		
		S	J					S	J
ZAlZn11Si7	ZL401	0.7	1.2		0.6	0.5		1.8	2.0
ZAlZn6Mg	ZL402	0.5	0.8	0.3	0.25	1.0	0.01	1.35	1.65

2.3.1.3　铸造铝合金的力学性能

铸造铝合金的力学性能见表 2-14～表 2-17。

表 2-14　**Al-Si 合金的力学性能**（GB/T1173—1995）

合金牌号	合金代号	铸造方法	热处理状态	抗拉强度/MPa	伸长率/%	硬度（HBS）
					≥	
ZAlSi7Mg	ZL101	S、R、J、K	F	155	2	50
		S、R、J、K	T2	135	2	45
		JB	T4	185	4	50
ZAlSi7MgA	ZL101A	J、JB	T4	225	5	60
		JB、J	T5	265	4	70
		JB、J	T6	295	3	80

合金牌号	合金代号	铸造方法	热处理状态	抗拉强度/MPa	伸长率/%	硬度（HBS）
					≥	
ZAlSi12	ZL102	SB、JB、RB、KB	F	145	4	50
		J	F	155	2	50
		SB、JB、RB、KB	T2	135	4	50
		J	T2	145	3	50
ZAlSi9Mg	ZL104	S、J、R、K	F	145	2	50
		J	T1	195	1.5	65
		J、JB	T6	235	2	70
ZAlSi5Cu1Mg	ZL105	S、J、R、K	T1	155	0.5	65
		J	T5	235	0.5	70
		S、J、R、K	T7	175	1	65
ZAlSi5Cu1MgA	ZL105A	J、JB	T5	295	2	80
ZAlSi8Cu1Mg	ZL106	JB	T1	195	1.5	70
		JB	T5	255	2	70
		JB	T6	265	2	70
		J	T7	245	2	60
ZAlSi7Cu4	ZL107	J	F	195	2	70
		J	T6	275	2.5	100
ZAlSi12Cu1Mg1	ZL108	J	T1	195	—	85
		J	T6	255		90
ZAlSi12Cu1Mg1Ni1	ZL109	J	T1	195	0.5	90
		J	T6	245	—	100
ZAlSi5Cu6Mg	ZL110	J	F	155		80
		J	T1	165	—	90
ZAlSi9Cu2Mg	ZL111	J	F	205	1.5	80
		J、B	T6	315	2	100
ZAlSi7Mg1A	ZL114A	J、JB	T5	310	3	90
ZAlSi5Zn1Mg	ZL115	J	T4	275	6	80
		J	T5	315	5	100
ZAlSi8MgBe	ZL116	J	T4	275	6	80
		J	T5	335	4	90

表 2-15　Al-Cu 合金的力学性能（GB/T1173—1995）

合金牌号	合金代号	铸造方法	热处理状态	抗拉强度/MPa	伸长率/%	硬度（HBS）
					≥	
ZAlCu5Mn	ZL201	S、J、R、K	T4	295	8	70
		S、J、R、K	T5	335	4	90
ZAlCu5MnA	ZL201A	S、J、R、K	T5	390	8	100
ZAlCu4	ZL203	J	T4	205	6	60
		J	T5	225	3	70
ZAlCu5MnCdVA	ZL205A	J	T1	175	—	75

表 2-16　Al-Mg 合金的力学性能（GB/T1173—1995）

合金牌号	合金代号	铸造方法	热处理状态	抗拉强度/MPa	伸长率/%	硬度（HBS）
					≥	
ZAlMg10	ZL301	S、J、R	T4	280	10	60
ZAlMg5Si	ZL303	S、J、R、K	F	145	1	55

表 2-17　Al-Zn 合金的力学性能（GB/T1173—1995）

合金牌号	合金代号	铸造方法	热处理状态	抗拉强度/MPa	伸长率/%	硬度（HBS）
					≥	
ZAlZn11Si7	ZL401	J	T1	245	1.5	90
		J	F	230	1	90
ZAlZn6Mg	ZL402	J	T1	235	4	70

2.3.2　铸造铝合金的熔炼

2.3.2.1　中频感应电炉

铝合金的熔炼可在电阻炉、感应炉、油炉、燃气炉中进行，而含镁易氧化的合金以电阻炉熔炼为宜。常用熔炼炉的优缺点及适用范围参见表 2-18。我院实训基地的铝合金熔炼炉是中频感应炉。下面介绍中频感应电炉。

A　中频感应电炉工作原理

中频感应电炉设有螺旋型管式线圈，当线圈通过中频电流时，产生交变磁场，金属炉料在磁场作用下感应出电势，产生环形电流。这种电流在本身的磁场作用下集中在金属炉料的外层（即所谓的趋肤效应），使外层金属料具有很高的电流密度，从而产生集中而强大的热效应，以致把金属炉料加热或熔化。如果是熔炼铝合金等非磁性材料，由于材料本身不会导磁发热，须用间接加热的方法熔炼，如选用石墨坩埚，先由石墨坩埚自身发热，石墨坩埚又将热量传给材料，来熔炼合金。

表 2-18　铝合金常用的熔炼炉

类　别	优　点	缺　点	适用范围
电阻坩埚炉	控制温度准确，金属烧损少，合金吸气少，操作方便	熔化速度较慢，生产率较高，耗电量较大	所有牌号铸铝合金、铝镁系合金宜用此种熔炼炉
电阻反射炉	炉子容量大，金属烧损少，温度控制准确，操作方便	发热元件较短，熔化速度较快	适用于大批量连续生产
红外熔炼炉	热效率高，金属熔化快，金属烧损少，温度控制准确，调节方便	熔化量较小	铸铝合金都适用
中频感应炉	熔炼可达较高温度、熔化速度快，灵活方便，合金受磁场搅拌均匀	设备较复杂，熔化量较小	适用于配制中间合金及含钛的铝铜系合金

类　别	优　点	缺　点	适用范围
无芯工频感应炉	熔化速度快，金属液成分均匀，温度控制准确，操作准确	熔炼过程中金属液翻腾，金属烧损较大	适宜作熔化炉使用
焦炭坩埚炉	设备简单，熔化速度快	炉温较难控制，金属烧损大，合金吸气量大，燃料消耗量大，效率低	铸铝合金都适用
煤气或重油炉	熔化速度快，熔炼可达较高温度，温度易控制，使用灵活，金属烧损较少	燃料消耗量大，温度控制的准确度不如电炉高	铸铝合金都适用
火焰反射炉	熔化速度快，熔化量大	温度不宜控制，金属烧损多，燃料消耗量大	适用于大批量连续生产

B　中频感应炉的基本结构

中频感应电炉主要由炉体、炉架、辅助装置、冷却系统和电源及控制系统组成。

中频感应电炉的本体部分称为炉体，如图 2-16 所示。炉体由炉壳、感应线圈、炉衬（坩埚）、磁轭及紧固装置等组成。将被融化的金属置于坩埚中，坩埚外圈围着一层绝热和绝缘材料，在绝缘外面紧紧地贴放着感应线圈，感应线圈的圆周均匀分布着磁轭以减少漏磁，磁轭与线圈紧贴在一起，但彼此绝缘；磁轭与线圈支撑一起坐落在下压圈（炉底盘）上，承受炉顶重量，并把感应线圈固紧，就像炉子的几根支柱。

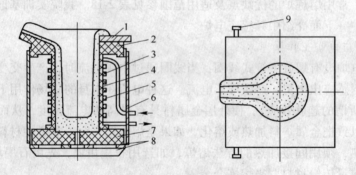

图 2-16　中频感应电炉炉体结构

1—耐火石棉板；2—耐火砖；3—捣制坩埚；4—石棉布；5—感应器；
6—炉体外壳；7—耐火砖底座；8—角铁；9—转轴

在小型炉子中，因为不用磁轭，为了防止漏磁使炉壳发热，故炉壳材料须用不锈钢、铝合金、铜等非磁性导电材料。

C　中频感应电炉用坩埚

熔化钢铁时，坩埚材料分酸性坩埚材料和碱性坩埚材料两种。如果选用石墨坩埚或者用石墨掺耐火黏土的坩埚，便可以用间接的加热方法熔化低电阻的金属及其合金。

a　坩埚材料

（1）酸性坩埚。用硅砂作耐火材料，对其化学成分的要求是 $w(SiO_2) = 90\% \sim 99.5\%$，打结炉料用 $w(硼酸) = 1.5\% \sim 2.0\%$ 的硼酸作黏结剂。对硼酸的化学成分要求是：$w(B_2O_3) \geqslant 98\%$，$w(水分) \leqslant 0.5\%$。对粒度的要求见表 2-19。

表 2-19　中频感应电炉酸性坩埚材料组成

材料名称	炉 衬 材 料				炉 领 材 料		
硅砂粒度/mm	5~6	2~3	0.5~1	硅石粉	1~2	0.2~0.5	硅石粉
配比/%	25	20	30	25	30	50	20

炉衬材料的配制方法是将硅砂与硼酸干混或加少量的水，在感应圈以上的炉领（坩埚上口）应加水玻璃作粘结剂。

（2）碱性坩埚。用镁砂作耐火材料，镁砂有冶金镁砂和电容镁砂两种，在熔炼不锈钢时应用广泛。

b　坩埚的模样

熔化钢铁时，为了打结坩埚，需要使用模样以形成坩埚内腔的形状。有两种材料制成的模样：钢（铸铁）模样和石墨模样。钢（铸铁）模样用钢板焊接或铸造而成。

D　中频感应电炉操作规程

a　启动前检查

（1）检查循环水管路是否畅通，是否有漏水现象。

（2）检查螺丝是否松动。

（3）检查电炉是否接地。

（4）水冷电缆不可挨着铁件或用铁丝紧固，否则会将铁件熔化。紧固时应用不锈钢卡子。

b　启动操作

（1）合主电源开关。

（2）打开供电开关。

（3）打开复位开关。

（4）将功率旋钮调到最大位置（刚开启电路时，先将功率调到最大功率的 60% 左右，然后逐渐将功率调至最大）。

（5）检查功率是否超限载负荷。

c　关停操作

（1）将功率旋钮调到"0"位置。

（2）关闭复位开关。

（3）关闭供电开关。

（4）关闭主电源。

（5）关闭主电源后三小时后再关闭循环水。

2.3.2.2　铝合金的配料计算及熔炼操作

熔炼铝合金的炉料包括铝合金锭、纯金属、中间合金和回炉料。

操作人员应根据任务工单给定的合金牌号，严格控制化学成分及杂质含量进行配料计算，严格按熔炼工艺执行，遵守铸造铝合金熔炼总原则。

铸造铝合金熔炼总原则是：

（1）要微氧化气氛，快速熔炼，迅速浇注。由于铝合金的氧化特性，故熔炼时须加覆盖剂以及充型时安装过滤网，以消除铸件的氧化夹杂缺陷。

（2）配料计算无误，称量准确。

（3）熔炉、工具、浇包刷涂料、烘干预热。刷涂料的目的是延长工具的使用寿命；烘干预热的目的是清除水分和去除油脂，由于铝合金的吸气特性：$2Al + 3H_2O = Al_2O_3 + 6H$（铝液中），铝锈（$Al(OH)_3$）与油脂反应生成 H 原子。

（4）炉料、溶剂必须烘干、预热，特别是回炉料，否则不但影响合金熔化质量，还会发生安全事故。

（5）脱气精炼、清渣、变质处理和炉前检验按规程操作。

（6）铝合金熔炼温度一般不可超 800℃，因为铝合金的熔炼温度较高时，会使晶粒粗大以及吸氢，造成铸件的力学性能下降，以致产生缺陷。铝合金液不同温度情况下，［H］的溶解度见表 2-20。

表 2-20　氢在铝中的溶解度

温度/℃	溶解度/cm³·(100gAl)⁻¹	温度/℃	溶解度/cm³·(100gAl)⁻¹
300	0.001	700	0.86
400	0.005	750	1.15
500	0.011	800	1.56
600	0.024	850	2.01
660（固）	0.034	900	2.41
660（液）	0.65	1000	3.9

A　配料计算

通常在装炉料中用 30%～80% 的回炉料；铸造重要部件时，回炉料用量应限制在 50% 以下。

a　配料计算时已知条件

（1）所熔合金牌号和化学成分要求。

（2）所用的纯金属、合金锭和中间合金成分。

（3）回炉料的用量及成分。

b　确定合金元素的烧损率

Si 1%～10%　　　　Cu 0.5%～1.5%　　　　Mg 2%～10%

Zn 1%～3%　　　　Mn 0.5%～2%　　　　Al 1%～5%

Be 0.5%～1%　　　　Ti 1%～20%

当 Zn 和 Mg 以纯金属加入时，其烧损率锌达 10%～15%；镁达 15%～30%。

c　配料计算步骤

（1）确定熔炼合金牌号和重量；选定合金配料成分和所用纯金属中间合金成分；回炉料用量和成分。

（2）确定元素烧损率 E。

（3）计算包括烧损在内的 100kg 炉料各种元素的需求量 $Q = a/(1-E)$（a 为合金成分）。

（4）按实际重量 W_1 计算各元素的需求量 $A = W_1/100 × Q$。

（5）计算回炉料中各元素含量 $B = PX$。

（6）计算补加各元素的质量 $C = A-B$。

（7）计算中间合金质量 $D = C/F$，F 为中间合金，中间合金带入的铝量 M_{Al}。

（8）计算补加的纯铝量 C_{Al}。

（9）计算回炉料的总重量 $W_2 = C_{Al} + D_{Si} + D_{Mn} + C_{Mg} + P$。

（10）核算杂质含量 C_{Fe} 炉料中 Fe 的百分质量 $W_{Fe} = C_{Fe}/W \times 100\%$。

B　铝合金的熔炼操作

a　熔炼前的准备工作

（1）石墨坩埚的预备。新坩埚使用前，应由室温缓慢升温至 900℃ 进行熔烧，以去除坩埚的水分并防止炸裂；旧坩埚使用前应检查是否损坏，清除表面熔渣和其他污物，装料前预热至 250~300℃。

（2）检查中频感应电炉的循环水系统是否漏水，如有漏水处，应紧固堵漏后再开启电源。

（3）熔炼工具的预备。熔炼前应将熔炼用工具准备好，如钟罩、扒渣勺、舀勺等工具蘸上涂料并烘干待用。一般用的涂料由石棉粉、氧化锌、水玻璃和水按一定比例配制而成，上涂料的目的是通过涂料层使金属液与工具隔开，以延长工具的使用寿命。

（4）炉料的准备。根据熔炼任务单的要求，确定炉料的化学成分并进行计算，准确称量，确保化学成分符合要求。回炉料中不得有油脂或杂物，所有的炉料加入前不得带有水汽，防止合金液翻腾，以致飞溅伤人。

（5）溶剂的准备。将变质剂、精炼剂和造渣剂根据加入量准确称量，并将其烘干。

b　熔炼操作

（1）开启中频感应电炉。开启电炉电源开关，关闭复位开关。开始通电时将功率旋钮调至最高功率的 60% 左右，待电流冲击停止后，逐渐将功率增至最大。

（2）加料顺序。按回炉料—纯铝锭—中间合金顺序加料。

（3）变质处理。常用的变质剂有钠基变质剂，近几年出现了锑变质剂和锶变质剂，也称为"长效变质剂"。在铝合金液的温度达到 720~730℃ 时，进行变质处理，溶化后用钟罩慢慢压入坩埚底部，自下而上进行搅拌，搅拌过程中钟罩头不能漏出液面，防止二次氧化和卷入气体。

（4）脱气精炼。铝合金液达到 730~740℃ 用钟罩将 0.6% 无公害精炼剂压入坩埚底部并四周缓慢移动精炼脱气。精炼 30min 后，倒运铝水时将转运包刷涂料烘干，转运后进行二次精炼（吹 N_2）5~10min。

无公害精炼剂主要由 $NaNO_3$ 和石墨粉配制而成。这种精炼剂压入铝液后，会产生具有精炼作用的 N_2 和 CO 浮游气泡。

（5）清渣处理。铝硅合金精炼完成后静置 15~20min，即将 0.25% 的打渣剂抛撒在合金液面上，并用撒渣勺来回搅拌，待反应完全后，将渣清除。

（6）补加纯金属。将纯金属用钟罩压入合金液上下搅拌。

c　W600 熔炼测温仪的操作

铝合金液在融化后要进行测温，以便及时准确掌握其温度，进行变质、精炼处理和浇注温度的控制，防止因温度过低或过高造成铸件缺陷，提高铸件的综合力学性能。

（1）W600 熔炼测温仪的工作原理

本仪器采用热电偶为仪器的测温传感元件。热电偶测温时产生的热电势经仪器前置放大器放大后，再经 A/D 转换器转换成数字量，然后送入微机进行数据处理，实现环境温度自动补偿、零位自校准、炉温稳定值自动显示及保持功能。

用测温仪测温时，仪器对典型测温过程（急升—过冲—稳定）均能自动计算其稳定的温度值，此时电铃声响同步提示操作者结束测温，提起测试枪。

（2）仪器的测温操作

打开仪器电源开关，测温时将热电偶插入金属液中，深度不小于 20mm，做到快、准、稳，时间为 3~5s。当电铃声响时，应立即提起测温枪，仪器自动显示并保存所测得的温度值。

当仪器显示"-1"时，说明热电偶未插上或未插到位，可稍用力推入或旋动纸管，使接触良好；当仪器显示"-000"时，是输入信号接反；当仪器显示"1"时，是输入信号超出量程。

2.3.3　浇注工艺及操作

2.3.3.1　浇注工艺

A　浇注温度的确定

由于模样气化是吸热反应，需要消耗金属液的热量，浇注温度应较砂型铸造高一些。负压下浇注，充型能力大为提高，从顺利排除 EPS 固、液相产物角度考虑，也要求温度高一些。特别是球铁件，为减少残碳、皱皮等缺陷，温度偏高些对铸件质量有利。一般推荐 EPS 工艺浇注温度比普通砂型铸造高 30~50℃。对铸铁件而言，浇注温度应高于 1360℃，尤其在北方的冬季，一些铸造企业经常测量浇注前和浇注过程中的温度来掌握每包铁水在浇注过程中的降温速度，以更好地控制因浇注温度低使铸件产生缺陷的几率。消失模铸造各类合金推荐的浇注温度范围见表 2-21。

表 2-21　消失模铸造各类合金的浇注温度

合金种类	铸钢	球铁	灰铁	铝合金	铜合金
浇注温度/℃	1450~1700	1380~1450	1360~1420	700~750	1200~1500

B　负压的范围和时间的确定

（1）负压的作用

1）紧实干砂，防止冲砂塌箱、型壁移动。

2）加快排气速度和排气量，降低界面气压，加快金属前沿推进速度，提高充型能力，有利于减少铸件表面缺陷。

3）提高复印性，铸件轮廓更清晰。

4）密封下浇注，改善工作环境。

（2）负压大小范围

根据合金种类选定负压范围，见表 2-22。

表 2-22　不同合金种类的负压范围

合金种类	铸铝	铸铁	铸钢
负压范围/mmHg	50~100	300~400	400~500

注：1mmHg = 133.322Pa。

在铸件凝固形成外壳足以保持铸件时，即可停止抽气。根据铸件壁厚定时长，一般5min 左右。为加快凝固冷却速度，也可延长负压工作时间。铸件较小，负压可选低些；重量大或一箱多铸，可选高一些，顶注可选高一些，壁厚或瞬时发气量大可选略高一些。浇注过程中，负压会发生变化。开始浇注后负压降低，达到最低值后，又开始回升，最后恢复到初始值。浇注过程负压下降最低点不应低于（铸铁件）100～200mmHg，生产中最好控制在 200mmHg 以上，不允许出现正压状态。可通过调节负压，保持在最低限值以上。

2.3.3.2　浇注操作

消失模铸造浇注时多使用较大的浇口杯，防止浇注过程中出现断流而使铸型崩散，实现快速稳定浇注并保持静压头。浇口杯多采用型砂制造，生产中常采用过滤网，有助于防止浇注时直浇道的损坏并起滤渣的作用。消失模铸造的浇注速度采用"一慢二快三稳"的原则。

任务 2.4　消失模铸造的落砂清理检验

【任务描述】

　　学生对冷却后的铸件进行落砂清理，能够辨别铸件缺陷，并可以对其产生原因进行正确分析，及时制定防止措施。在此过程中学习相关知识与相关设备的操作技能。

【学习目标】

　　（1）掌握落砂清理设备工作原理，学会落砂清理操作；

　　（2）能够辨别铸件缺陷，并能分析产生原因，制定防止措施和修补方法。

2.4.1　消失模铸件的落砂清理

2.4.1.1　落砂

在消失模砂处理线中，落砂有以下三种方式：

（1）对于生产效率要求不高的生产线，一般采用天车吊起，将欲落砂的砂箱放置在翻箱支架上，再用天车翻转砂箱，将热砂和铸件一起翻到在落砂栅格床内，热砂进入砂处理线进行处理，铸件留在格栅上。

（2）液压翻箱机。在采用造型浇注流水线方式时，或者生产效率要求高的消失模生产线上，落砂经常用液压翻箱机来完成。按举起砂箱的方式区分，液压翻箱机分为抱夹式（图 2-17）和底托式两种。液压翻箱机主要由液压站系统和机械夹紧支架两部分组成。

（3）自泄砂砂箱。自泄砂砂箱多用于较大的砂箱上，自泄砂砂箱在其底部留有泄砂口，在砂箱工作时，泄砂口处于密闭状态，不影响其真空度。当需要落砂时将砂箱从造型线上运抵砂处理线的落砂处，利用机械装置打开泄砂口，型砂经此口流入砂处理线内，用

图 2-17 液压翻箱机

天车将铸件从砂箱中吊出。

2.4.1.2 铸件的清理

消失模铸造清理工作比较简单，为使铸件表面光洁，清除铸件表面的氧化皮和局部粘砂是重要的工序。当前的清理方法主要以抛丸清理为主，滚筒清理、喷丸清理、化学清理等方法在消失模铸造生产中较少使用。

抛丸清理是利用高速运转的抛丸器的叶轮产生离心力，将铁丸抛向铸件表面，借助于铁丸的冲击作用，把铸件表面的残砂、粘砂和氧化皮清除掉。

抛丸清理设备按铸件的装卸方式分为吊链式、转轮式、台车式、吊钩式等；按室体结构结构分为滚筒式、履带式、固定室体式等。抛丸清理设备主要由抛丸器、主辅室体、弹丸提升装置、丸砂分离器、装料机构和除尘器等组成，如图 2-18 所示。

2.4.2 铸件的缺陷分析及防止

消失模铸件常见的缺陷有塌箱、气孔夹渣、缩孔缩松等。下面逐一介绍。

2.4.2.1 铸造成形及尺寸不良

A 塌箱

塌箱是指浇注过程中铸型向下塌陷，金属液不能从直浇道进入型腔，造成浇注失败。在浇注大件，特别是大平面铸件、内腔封闭或半封闭的铸件时，容易出现塌箱。

a 产生塌箱的原因

当铸型的抗剪强度小于造型材料自重产生的剪切压力时，浇注时就要产生塌箱。其原因有很多：

（1）浇注时金属液喷溅严重，致使箱口密封塑料烧失严重，箱口暴露面增大，破坏砂箱内的真空密封状态，真空度急剧下降。

（2）浇注速度慢，特别是在断流浇注的情况下，金属液不能将直浇道口完全封住，大量气体从直浇道口吸入，使砂箱的真空度急剧下降。

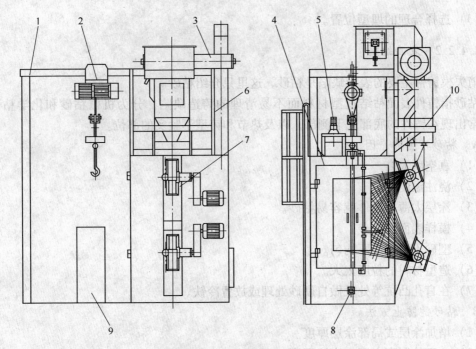

图 2-18　抛丸清理机结构图

1—轨道及支架；2—吊钩系统；3—分离器；4—抛丸室；5—自传系统；6—提升机；
7—抛丸器总成；8—螺旋输送机；9—电气系统；10—供丸系统

(3) 砂箱内的真空度太低。

(4) 浇注方案不合理。

(5) 铸型的强度和紧实度低，经受不住浇注速度高的金属液冲刷。

(6) 防粘砂涂料的强度不够。

b　塌箱防止方法

(1) 浇注时尽量避免金属进溅。

(2) 选择合理的浇注速度，保证浇口杯内始终被金属液充满；浇注过程中杜绝断流。

(3) 提高砂箱内的真空度。

(4) 浇注大件时，采用底注式。

(5) 震实铸型，提高涂料层的厚度和强度。

B　铸件变形

铸件变形是在涂料、埋型操作时，由于模样变形所致。

a　铸件变形产生原因

(1) 泡沫模样材料的密度小，致使强度低。

(2) 涂挂和埋箱造型时方法不对，造型操作不慎，或震实造型时用力过大。

(3) 压铁重量不够，或铸型的紧实度低都容易使模样变形。

b　防止变形方法

(1) 选用泡沫模样材料时，严格控制其密度，以保证模样的强度和刚度。

(2) 挂涂料和造型操作时须注意操作方法，多加小心，或借助辅具进行操作。

（3）选择合理的埋型位置。

2.4.2.2　表面缺陷

消失模铸件主要的表面缺陷是粘砂，这里只介绍粘砂。

粘砂指铸件表面粘结造型材料而不易清理的铸造缺陷，分为机械粘砂和化学粘砂两种。常出现在铸件的底部或下侧部，以及热节和铸型不紧实的部位。

A　粘砂产生的原因

（1）真空度太高。

（2）浇注温度高。

（3）涂层太薄，铸件就容易粘砂。

（4）模样表面质量差。

（5）型砂不紧实或不均匀。

（6）造型材料的粒度太大。

（7）在盲孔凸坑等处没做自硬砂处理或放置冷铁。

B　粘砂的防止方法

（1）增加涂层或局部涂层厚度。

（2）合理控制真空度和浇注温度。

（3）内孔或其他清理困难的地方，采用耐火度稍高的树脂砂和水玻璃砂埋型或放冷铁。

（4）提高模样的表面光洁度。

（5）改用细砂或调整粒度。

C　铸件的内部缺陷

a　气孔和夹渣

气孔和夹渣存在于铸件上部或死角处的表皮下。气孔和夹渣有时分别单独存在，多数情况下两者同时共生。

（1）产生气孔和夹渣的原因

1）模样在气化过程中产生大量的气体和夹杂物，这是产生气孔和夹渣的主要原因。

2）浇注系统不合理（比如采用顶注）或内浇道结构不合理时，直浇道不能充满，容易使气体和残渣裹挟在金属液中，形成气孔和夹渣。

3）浇注温度太低。

4）涂层太厚，负压较小。

5）铸型或型砂的含水量太高，发气量大。

6）泡沫塑料的密度太大。

（2）气孔和夹渣防止方法

1）合理埋箱，抑制气化模的发气量；提高涂层的透气性。

2）采用低注式浇注系统。

3）提高浇注温度。

4）在铸件的最高处或死角处设置集渣冒口。

5）选用低密度的泡沫塑料。

b 缩孔、缩松

消失模铸造铸件的补缩能力较差，这是因为消失模铸件的冒口液体温度往往较低。缩孔缩松一般出现在铸件的厚大处。

防止缩孔缩松的方法：

（1）增加冒口的体积，并选用合理的形状。

（2）提高冒口内金属液的温度，采用发热冒口或让金属液通过冒口进入型腔。

（3）配合使用冷铁。

思考与练习

2-1 简述消失模铸造的定义。

2-2 消失模铸造同其他铸造方法最大的不同点是什么，主要优点有哪些？

2-3 消失模铸造的工艺工程一般分为白区、黄区、黑区三个部分，请简述这三个部分包含的内容。

2-4 消失模铸造工艺设计有哪些主要内容？

2-5 消失模模样制作方式有几种？请简述其成型方法的工艺流程。

2-6 简述涂料的作用和涂料的组成。

2-7 简述中频感应电炉的工作原理。

2-8 中频感应电炉主要由哪几部分组成，对炉体材料有何要求？

2-9 中频感应电炉熔炼不同材质的金属时，其炉衬材料不同，分别说明铸铁、铸铝、不锈钢铸件熔炼时炉衬应采用什么材料？简述炉衬的打结方法和烧结工艺。

2-10 在浇注过程中，金属液会产生反喷现象，其产生原因是什么，应如何防止？

2-11 消失模铸造常见的缺陷有哪些，形成原因是什么？

2-12 计算题

熔制 ZL104 合金 80kg，计算成分：Si 9%，Mg 0.27%，Mn 0.4%，Al 90.3%，杂质 Fe 不可高于 0.6%，其他杂质从略。其中回炉料用量 $P = 24kg$（Si 9.2%，Mg 0.27%，Mn 0.45%，杂质 $w(Fe) \leq 0.4\%$）；中间合金加 AlMn10（其中 Mn 10%，$w(Fe) \leq 0.3\%$）；Si 是以结晶硅的形式补加的；铝锭中 $w(Al)$ 99.5%，$w(Fe) \leq 0.3\%$；各元素烧损率 E_{Si}1%，E_{Mg}20%（以纯金属形式加入），E_{Mn}0.8%（以中间合金形式加入），E_{Al}1.5%。

试计算中间合金、铝锭和纯金属的加入量，并核算杂质 Fe 的含量。

学习情境 3　铝合金压力铸造生产

压力铸造（简称压铸）是将熔化的金属，在高压作用下，以高速填充至型（模）具型腔内，并使金属在此压力下凝固而形成铸件的一种方法。高压、高速是压铸法与其他铸造方法的根本区别，也是重要的特点。

压力铸造是所有铸造方法中生产速度最快的一种方法，填充初始速度在 0.5 ~ 70m/s 范围，生产效率高。用压铸机能压铸出从简单到相当复杂的各种铸件，压铸件重量从几克到几十千克不等，并能实现压铸生产的机械化和自动化，压铸产品广泛应用于汽车、航空航天、电讯器材、医疗器械、电气仪表、日用五金等，如图 3-1 所示为压力铸造工艺流程。

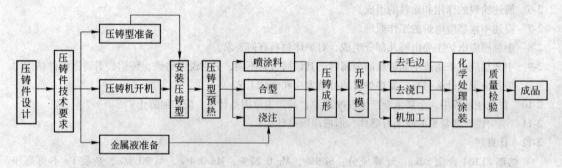

图 3-1　压铸工艺流程

压铸机分为热室压铸机和冷室压铸机两大类。热室压铸机与坩埚连成一体，其压室浸于金属熔液中，压射部件安装在熔炉坩埚的上面；冷室压铸机的压室与坩埚是分开的，压铸时，从熔炉的坩埚或保温炉中取出液体金属浇入压室后进行压铸，冷室压铸机适应于压铸各种有色合金和黑色金属。用压铸机压铸具有如下工作特点：

（1）操作工序简单，生产效率高，容易实现自动化。

（2）压铸可以代替部分装配，且原材料消耗少，能节省装配工时。

（3）卧式冷室压铸机一般设有偏心和中心两种浇注位置，可供压铸型（模）设计时选用。

（4）金属液在浇道中流动时转折少，有利于发挥增压的作用，提高压铸件质量。

（5）压铸件力学性能好，以铝合金、镁合金为例（见表 3-1）说明。

（6）互换性好，便于维修。

（7）压铸产品轮廓清晰，压铸薄壁、复杂零件以及花纹、图案、文字等获得很高的清晰度。

（8）压铸设备投资高，一般不宜于小批量生产。

表 3-1　铝合金、镁合金不同铸造方法力学性能

合　金	压力铸造			金属型铸造			砂型铸造		
	抗拉强度 /MPa	伸长率 /%	硬度 (HBS)	抗拉强度 /MPa	伸长率 /%	硬度 (HBS)	抗拉强度 /MPa	伸长率 /%	硬度 (HBS)
铝硅合金	200~250	1.0~2.0	84	180~220	2.0~6.0	65	170~190	4.0~7.0	60
铝硅合金 w_{Cu} 为 0.8%	200~230	0.5~1.0	85	180~220	2.0~3.0	60~70	170~190	2.0~3.0	65
铝合金	200~220	1.5~2.2	86	140~170	0.5~1.0	65	120~150	1.0~2.0	60
镁合金 w_{Al} 为 10%	190	1.5	—	—	—	—	150~170	1.0~2.0	—

本教学情境选择压铸设备的认识与调试，压铸模具的认识、安装与调试，和压铸件生产三个典型工作任务组织教学。

任务 3.1　压铸设备的认识与调试

【任务描述】

学生通过对压铸生产车间现有的压铸设备的认识与调试，了解设备的工作原理，能够独立完成压铸设备的操作、维护及保养。在此过程中学习相关知识与实际操作技能。

【学习目标】

（1）掌握卧式冷室压铸机的工作原理，能够完成压铸设备的操作、维护及保养；

（2）了解当前压铸领域先进的自动化配套设备。

3.1.1　压铸机的分类

压铸机的分类方法很多，按使用范围分为通用压铸机和专用压铸机；按锁模力大小分为小型压铸机（≤4000kN）、中型机（4000~10000kN）和大型机（≥10000kN）；通常主要按机器结构和压射室的位置及其工作条件加以分类，各种压铸机的分类名称见图 3-2。

图 3-2　压铸机分类

（1）各种类型压铸机的外形见图 3-3~图 3-6。

（2）卧式冷室压铸机的结构及工作原理见图 3-7、图 3-8。

（3）立式冷室压铸机的结构及工作原理图见图 3-9、图 3-10。

（4）全立式冷室压铸机的结构及工作原理见图 3-11、图 3-12。

（5）热室压铸机的结构及工作原理见图 3-13、图 3-14。

图 3-3 卧式冷室压铸机

图 3-4 全立式冷室压铸机

图 3-5 立式冷室压铸机

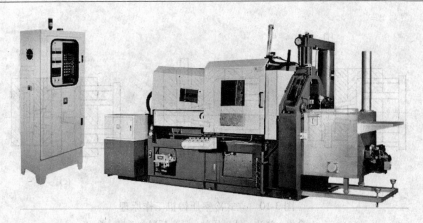

图 3-6　热室压铸机

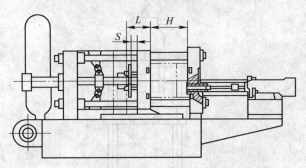

图 3-7　卧式冷室压铸机结构图

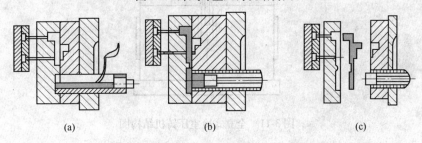

(a)　　　　　　　　　　　(b)　　　　　　　　　　　(c)

图 3-8　卧式冷室压铸机工作原理

(a) 合模、浇注；(b) 压射；(c) 合模、压射跟出、推出

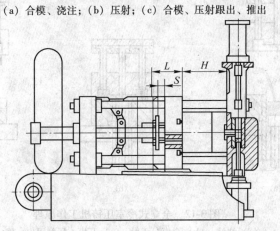

图 3-9　立式冷室压铸机结构图

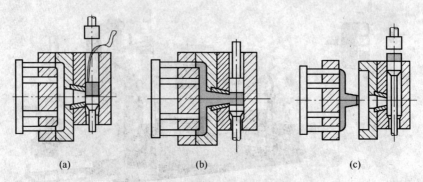

图 3-10　立式冷室压铸机工作原理

（a）合模、浇注；（b）压射；（c）反料、开模、推出

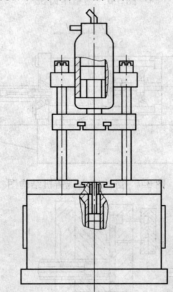

图 3-11　全立式冷室压铸机结构图

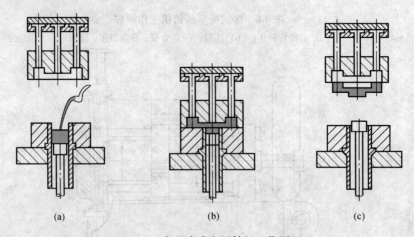

图 3-12　全立式冷室压铸机工作原理

（a）浇注；（b）合模、压射；（c）开模、压射跟出、推出

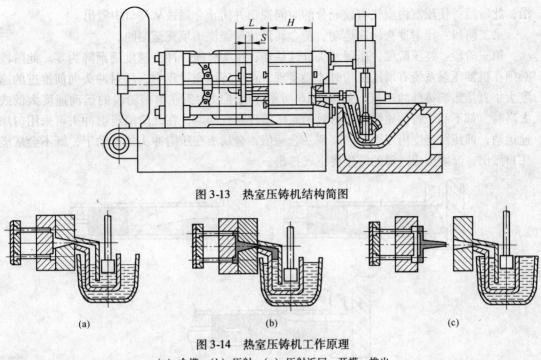

图 3-13　热室压铸机结构简图

图 3-14　热室压铸机工作原理

(a) 合模；(b) 压射；(c) 压射返回、开模、推出

3.1.2　卧式冷室压铸机的构成与工作原理

3.1.2.1　卧式冷室压铸机压铸原理

如图 3-15 所示，压铸型（模）合型（模）后，金属液 3 浇入压室 2 中，压射冲头 1 向前推进，将金属液经浇道 7 压入型腔 6 中，冷却凝固成型。

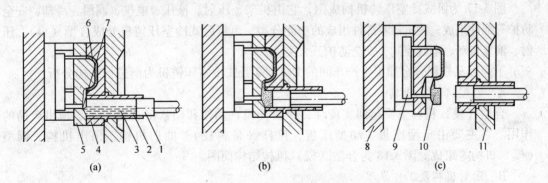

图 3-15　卧式冷室压铸机压铸过程简图

1—压铸冲头；2—压室；3—液态金属；4—定模；5—动模；6—型腔；

7—浇道；8—动型座板；9—顶出器；10—料柄；11—定型座板

开型（模）时，压射冲头前伸推出余料，顶出液压缸顶针顶出铸件，冲头复位，完成一个压铸循环。

压射冲头的压射运动过程可分为两个或三个阶段。

第一阶段：压射冲头以慢速推动金属液，使金属液充满压室前端并堆聚在内浇口前沿，此阶段可使压室内空气有较充分的时间逸出并防止金属液从浇口中溅出。

第二阶段：压射冲头快速运动，使金属液快速经浇道填充至型腔。

第三阶段：终压阶段，压射冲头继续移动，压实金属，冲头速度逐渐降为零。此阶段必须在机器压射系统有增压机构时才能实现。在压铸填充过程中，压射冲头向前推进的速度大小直接影响铸件的质量。如图 3-16 所示，当压射冲头在第一阶段的运动速度太低或太高时，都不利于铸件质量。为有效消除压铸件藏气问题，在此阶段压射冲头可采用匀加速运动，即压射速度由零逐渐增高到一合适值，金属液在压射冲头的推动下，既不会从浇注口溅出，又能形成光滑的波幅将空气排出。

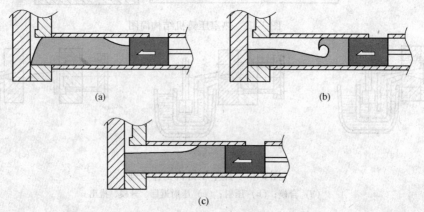

图 3-16　第一阶段压射运动图解

（a）速度太低，空气困在尾部；（b）速度太高，空气困在浪花中；
（c）在临界压射速度下，可形成光滑的波幅将空气排出

3.1.2.2　卧式冷室压铸机的构成

图 3-17 为卧式冷室压铸机构成图，它由机架、压射、液压、电气、润滑、冷却、安全防护等部件组成。按机器零部件组成的功能分类，可将卧式冷室压铸机分成合型（模）、压射、液压传动、电气控制、安全防护五大类。

下面以某校铝合金加工生产车间的 DCC160 卧式冷室压铸机为例进行结构分析。

A　合型（模）机构

合型（模）机构主要起到实现合、开型（模）动作和锁紧型（模）具、顶出产品的作用。它主要由定型座板、动型座板、拉杠（哥林柱）、曲肘机构、顶出机构、调型（模）机构等组成。图 3-18 为合型（模）机构结构简图。

B　压射机构及工作原理

压射机构是将金属液压入型（模）具型腔进行充填成形的机构。它主要由压射液压缸组件、压射室（入料筒）、冲头（锤头）组件、快压射蓄能器组件、增压蓄能器组件组成，其结构性能对压铸过程中的铸造压力、压射速度、增压压力及时间等起着决定性作用，并直接影响铸件的轮廓尺寸、力学性能、表面质量和致密性。下面以卧式冷室压铸机为例，说明压射机构的工作原理。

如图 3-19 所示，开始压射时，系统液压油通过油路集成板进入 C_2 腔，再经 A_3 通道进入 C_1 腔，从而推动压射活塞 2 向左运动，实现第一阶段慢速压射运动。当压射冲头 1 越过压射室

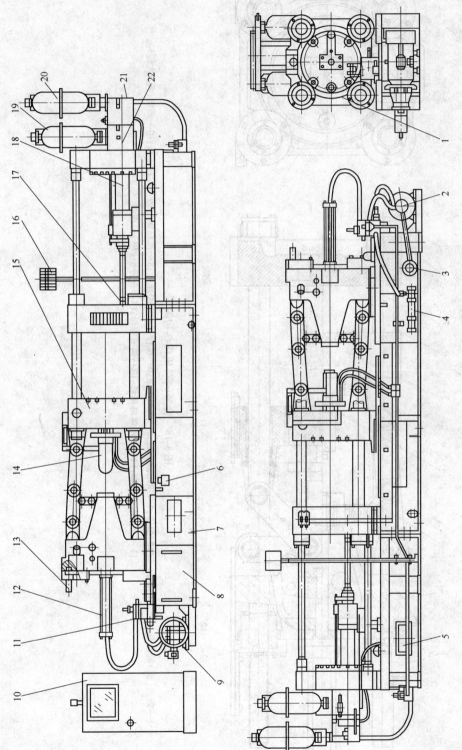

图 3-17　卧式冷室压铸机构成图

1—调型（模）大齿轮；2—液压泵；3—过滤器；4—冷却器；5—压射回油箱；6—曲肘润滑油泵；7—主油箱；8—机架；9—电动机；10—电控柜；11—合型（模）油路板组件；12—合开型（模）油路板组件；13—调型（模）液压马达；14—顶出液压缸；15—锁型（模）柱塞；16—冷却水回槽；17—压射冲头；18—压射液压缸；19—快压射蓄能器；20—增压蓄能器；21—增压油路板组件；22—压射油路板组件

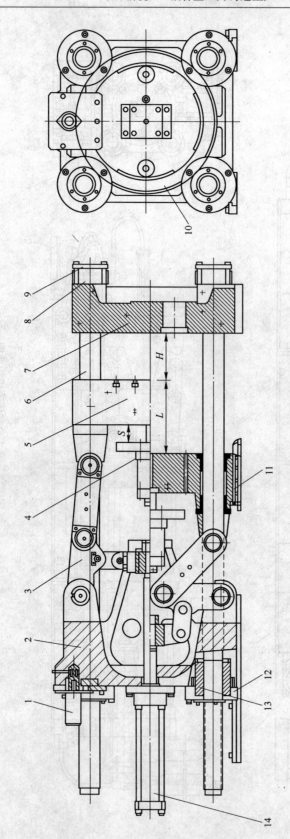

图 3-18　合型(模)机构结构简图

1—调型(模)液压马达;2—尾板;3—曲肘组件;4—顶出液压缸;5—动型座板;6—拉杆;7—定型座板;8—拉杠螺母;9—拉杠压板;10—调型(模)大齿轮;
11—动型座板滑脚;12—调型螺母压板;13—调节螺母;14—合开型(模)液压缸

（料筒）浇料口后，液压蓄能器 3 的控制油阀打开，使蓄能器 3 下腔的液压油经 A_1、A_3 通道迅速进入 C_1 腔，C_1 腔液压油油量快速增大，使压射活塞运动速度增快，实现第二阶段快速压射运动。压射冲头将合金液填充至型（模）具型腔中，当充填即将终止时，合金液正在凝固，此时压射冲头前进的阻力增大，此阻力将反馈到控制系统，液压蓄能器 4 的控制油阀打开，其下腔的液压油经 A_2 通道快速进入 C_3 腔，从而推动增压活塞 5 及活塞杆 6 向左快速移动。当活塞杆 6 和浮动活塞 7 内外锥面接合时，A_3 通道截断，使 C_1 形成一个封闭腔，增压活塞、活塞杆、浮动活塞的推动及 C_1、C_2 腔的液压压力共同使活塞 2 获得一个增压的效果。开型（模）时，系统液压油进入 C_4 腔，推动活塞 2 右移，C_1 腔中的液压油推动活塞杆 6 右移，从而打开通道 A_3，C_1 腔中液压油经 $A3$、$C2$ 通过集成油路板回到油箱。C_3 腔的液压油在活塞 5 的驱动下经集成油路板回到油箱，活塞 2 继续右移直至活塞杆 6 回到初始位置为止。

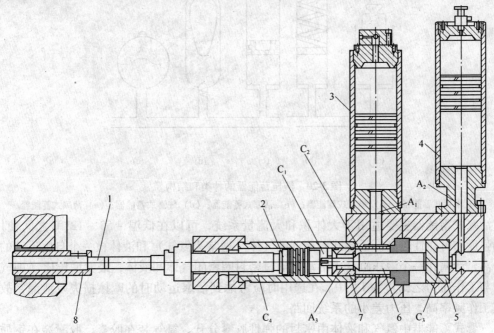

图 3-19　压射原理图

1—压射冲头；2—活塞；3，4—蓄能器；5—增压活塞；6—活塞杆；7—浮动活塞；8—压射室；
C_1，C_2—压射腔；C_3—增压室；C_4—回程腔；A_1，A_2，A_3—通道

在整个压射运动过程中，慢速、快速及增压的快慢和时间长短都可以通过安装在油路集成板上的控制阀调节。

3.1.2.3　液压传动系统

液压传动系统是通过各种液压元件和回路来传输动力，从而实现各种动作程序的系统。液压传动系统由以下五个基本部分组成：

（1）动力元件——液压泵，它供给液压系统压力油，是将电动机输出的机械能转化为油压液压能的装置。

（2）执行元件——液压缸或液压马达，是将油液的液压能转换为驱动工作部件的机械能装置。实现直线运动的执行元件称为液压缸；实现旋转运动的执行元件称为液压马达。

（3）控制元件——各种控制阀，如方向控制阀、压力控制阀、流量控制阀等，用以控

制、调节液压系统中油液的流动方向、压力和流量，以满足执行元件运动的要求。

（4）辅助元件——包括油箱、过滤器、蓄能器、热交换器、压力表、管件和密封装置等。

（5）工作介质——液压油，通过它进行能量的转换、传递和控制。压铸机液压系统主要由液压泵、合开型（模）液压缸、顶出液压缸、压射液压缸、调型（模）液压马达、液压控制元件、液压蓄能器、过滤器、空气滤清器、热交换器组成。

A　液压蓄能器

液压蓄能器的用途是在液体压力下容纳一个液体量，并在需要时给出。合理地选用液压蓄能器对于液压系统的经济性、安全性及可靠性都有极其重要的影响。液压蓄能器的种类及结构如图 3-20 所示，卧式冷室压铸机一般采用图 3-20（c）、（d）所示的两种。

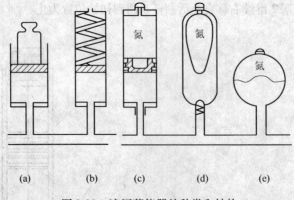

图 3-20　液压蓄能器的种类和结构

（a）重量式蓄能器；（b）弹簧式蓄能器；（c）活塞式蓄能器；（d）气囊式蓄能器；（e）薄膜式蓄能器

活塞式蓄能器主要适用于大体积和大流量系统，可以在低温 −53 ~ 121℃ 之间使用，它的强度和可靠性较高。活塞式蓄能器的气体（通常为氮气）和液体被一个自由运动的活塞分离，活塞在一个液压缸套中活动并通过密封圈密闭气体和液体，最大增压比（即气体压力与工作压力之比）为 1:10。在选用时应考虑到活塞运动时的摩擦损失及泄漏，故不适宜工作频率高、压力差小的系统回路。

气囊式蓄能器中氮气和液体由密封的弹性胶囊分开，氮气装在胶囊，胶囊装在钢质容器内，使预压气体不能泄漏出来。它的工作特点是感应灵敏、迅速，运行惯性低。气囊式蓄能器的结构如图 3-21 所示。

气囊式蓄能器的工作原理如图 3-22 所示，充液时，液压系统的液压油推开盘形阀流入钢质容器内并将皮囊中的氮气压缩至一定体积（图 3-22（a））；放出液体时，液压油从盘形阀口流出进入到所需容器，气囊中的氮气压力起推动液压油、压紧盘形阀的作用（图 3-22（b））；盘形阀能限制气囊被压出孔外（图 3-22（c））。

卧式冷室压铸机采用液压蓄能器适时地补充压射机构的液压油以增加压射运动的压力和速度。

B　过滤器

过滤器的用途就是滤去油液中杂质，将压力介质的污染减低到允许程度，保证液压系统正常工作。过滤器的精度可分为四类：粗过滤器，能滤去直径 $d = 0.1$mm 的杂质；普通过滤器，能滤去 $d = 0.1 ~ 0.01$mm 的杂质；精过滤器，能滤去直径 $d = 0.01 ~ 0.05$mm 的杂质；特精过滤器，能滤去直径 $d = 0.005 ~ 0.0001$mm 的杂质。常用的过滤器有网式（图 3-23）、线隙式、纸芯式、烧结式几种，压铸机常采用网式过滤器。

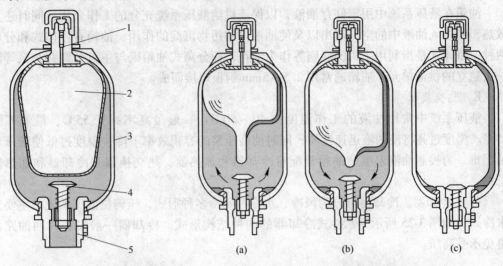

图 3-21　气囊式蓄能器结构
1—充气阀；2—皮气囊；3—钢质容器；
4—盘形阀；5—液体接头

图 3-22　气囊式蓄能器的工作原理

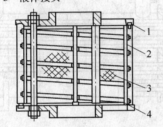
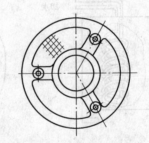

图 3-23　网式过滤网
1—端盖；2—焊接支架；3—铜丝网；4—底盖

C　空气滤清器

空气滤清器一般安装在主油箱的上盖上，它共有两种功能：一是作为注油过滤器，在添加液压油时，可防止杂质进入油箱；二是作为通风过滤器，系统工作过程中油箱液面波动需要空气来平衡，可通过过滤器对外界流入油箱的空气进行过滤。图 3-24 所示为油箱注油口的空气滤清器。

图 3-24　油箱注油口的空气滤清器

D　油箱

油箱在液压系统中用于储存油液，以保证供给液压系统充分的工作介质，同时还具有散热、使渗入油液中的空气逸出以及使油液中的污物沉淀的作用。油箱有整体式和分离式两种。整体式是指利用主机的底座等作为油箱，而分离式油箱则与主机分离并与泵等组成一个独立的供油单元。油箱通常用 2.5~5mm 钢板焊接而成。

E　热交换器

液压系统中常用油液的工作温度为 40~50℃，一般最高不高于 55℃，最低不低于15℃。温度过高将使油液迅速变质，同时使液压泵的容积效率下降；温度过低使液压泵吸油困难。为控制油液温度。油箱常配有冷却器和加热器，热交换器是冷却器和加热器的总称。

（1）冷却器。冷却器可分为风冷、水冷和氨冷多种形式，压铸机液压系统中主要采用水冷式。如图 3-25 所示为水冷式冷却器的两种结构形式。冷却器一般安装在回油路，以避免承受高压。

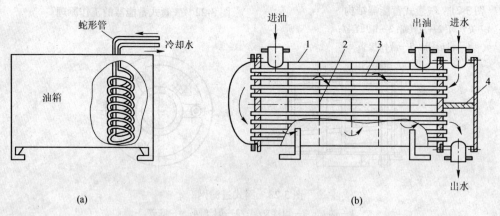

图 3-25　水冷式冷却器
（a）蛇形管式冷却器；（b）多管式冷却器
1—外壳；2—挡板；3—铜管；4—隔板

（2）加热器。液压系统中油液加热的方法有用热水或蒸汽和电加热两种方式。由于电加热器使用方便，易于自动控制温度，故应用广泛。

3.1.2.4　电气控制系统

冷室压铸机采用 PLC 作为压铸机的电气控制核心器件，使复杂的控制系统简单化，同时具备扩展功能。它具有较强的硬件功能和丰富的编程语言，安装接线简易方便，占用空间小，完全能够满足生产各种产品的要求。

控制系统主要有主电箱和操作面板组成。

（1）主电箱。机器主电箱有本机大量控制元器件组成。通过主电箱上人机界面（HMI），操作者可输入机器的压铸参数和对机器进行相关设定。

（2）操作面板。主操作面板一般布置在操作侧。操作者可通过面板来启动各系统，控制机器的运行以及其调整等，通过操作面板可以完成机器正常的生产操作。

3.1.2.5　安全防护门

机器的锁模部分设有前后两个工字钢悬挂安全防护门，用以避免锁模过程中造成挤压以及压射是可能出现的合金液飞溅带来的人身伤害，从而避免事故发生。前后几门均采用手动，设有防护装置。

3.1.2.6　压铸机的周边设备

根据自动化程度配备自动喷涂、浇注、取件等装置。见图 3-26 ~ 图 3-28。

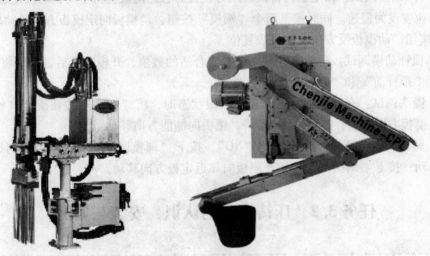

图 3-26　自动喷涂机　　　　　　图 3-27　自动浇注机

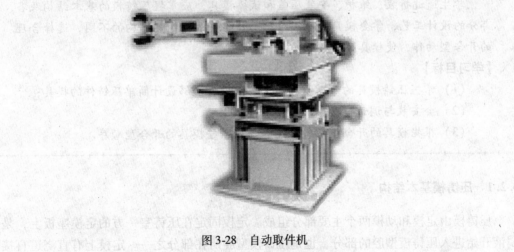

图 3-28　自动取件机

3.1.3　冷室压铸机的调试操作

3.1.3.1　压铸机的启动步骤

（1）接通电源开关。

（2）检查 PLC 运行是否正常。

（3）将操作面板上的"手动 I 自动"按钮旋转至手动状态。

（4）检查主油泵运转方向：

按"油泵启动"按钮后立即按下"油泵停止"按钮，检查其转向是否与电机转向标牌箭头所标方向一致（可以通过电机末端的风扇转向来确定电动机的转向）。如果相反，则需切断电源，调整电源任意两相进线，重新启动、停止电机，确保电机转向与标牌一致。

3.1.3.2　手动调试方法

（1）开/锁模调试：在电脑内将锁模压力设置为合适的数值将手动自动按钮旋至手动；将开锁模速度设为慢速。同时按下两个"锁模"按钮，动模板向定模板方向移动较直；按"开模"按钮，动模板反方向移动机铰复位。

（2）顶针动模调试：先将顶针压力设置为合适的数值，开模复位后，分别将"顶针"按钮旋至"顶针前"和"顶针后"进行调试。

（3）锤头调试：在开模到复位及顶针回限状态时，将"锤头"按钮旋至"锤头前"，锤头将向模板方向移动；旋至"锤头后"，锤头向储能方向移动。

（4）调试：将"调模"按钮调至"NO"，按下"调模厚"按钮，定板将向远离定模板方向移动；按下"调模薄"按钮，尾板向靠近定板方向移动。

任务 3.2　压铸模具的认识、安装与调试

【任务描述】

　　学生通过拆装、维护、安装压盖和试棒模具，应掌握压铸模的基本结构及各部分的设计工艺，学会模具的日常维护，并能够根据模具结构的不同，选择合理的开合型动作，使模具开合型顺畅。

【学习目标】

　　（1）掌握压铸模具的基本结构和工艺设计，能够设计简单压铸件的模具；

　　（2）会安装与调试模具；

　　（3）根据模具的开合型结构，能够合理调整模具的开合型顺序。

3.2.1　压铸模基本结构

压铸模由定模和动模两个主要部分组成。定模固定在压铸室一方的定模座板上，是金属液开始进入压铸模型腔的部分，也是压铸模型腔所在部分之一。定模上有直浇道直接与压铸机的喷嘴或压室连接。动模固定在压铸机的动模板上，随动模板向左、向右与定模分开和合拢，抽芯铸件顶出机构一般设其内。压铸模型基本结构见图 3-29，它通常包括以下结构单元：

（1）成型部分。在定模与动模合拢后，形成一个构成铸件形状的空腔（成型空腔），通常称为型腔，而构成型腔的零件即为成型零件。成型零件包括固定的和活动的镶块与型

芯，有时，其又可以同时成为构成浇注系统和排溢系统（如局部的横浇道、内浇道、溢流槽和排气槽等部分）的零件。

（2）模架。包括各种模板、座架等构架零件。其作用是将模具各部分按一定的规律和位置加以组合和固定，并使模具能够安装到压铸机上。图 3-29 中件 4、9、10 等属于这类零件。

（3）导向零件。图 3-29 中件 18、21 为导向零件，作用是准确地引导动模和定模合拢或分离。

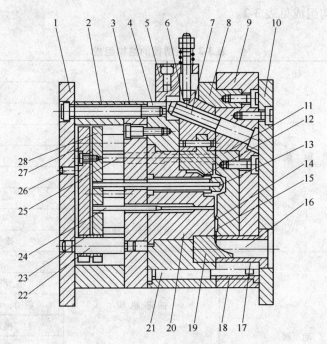

图 3-29　压铸模结构

1—动模座板；2—垫铁；3—支撑板；4—动模套板；5—限位块；6—滑块；7—斜销；
8—楔紧块；9—定模套板；10—定模座板；11—定模镶块；12—活动型芯；13—型腔；
14—内浇口；15—横浇道；16—直浇道；17—浇口套；18—导套；19—导流块；
20—动模镶块；21—导柱；22—推板导柱；23—推板导套；24—推杆；
25—复位杆；26—限位钉；27—推板；28—推杆固定板

（4）顶出机构。它是将铸件从模具上脱出的机构，包括顶出和复位零件，还包括这个机构自身的导向和零件，如图 3-29 中件 22、23、24、25、27、28。对于在重要部位和易损部分（如浇道、浇口处）的推杆，应采用与成型零件相同的材料来制造。

（5）浇注系统。它与成型部分及压室连接，引导金属液按一定的方向进入铸型的成型部分，它直接影响金属液进入成型部分的速度和压力，由直浇道、横浇道和内浇道组成，如图 3-29 中件 14、15、16、17、19。

（6）排溢系统。排溢系统是排除压室、浇道和型腔中的气体的通道，一般包括排气槽和溢流槽。而溢流槽又是储存冷金属和涂料余烬的处所。在难以排气的深腔位置部分设置通气塞，借以改善该处的排气条件。

（7）其他。除前述的各种结构单元外，模具内还有其他部件如紧固用的螺栓、销钉以及定位用的定位件等。

上述的结构单元是每副模具都必须具有的。此外，由于铸件的形状和结构上的需要，在模具上还设有抽芯机构，以便消除影响铸件从模具中取出的障碍。抽芯机构也是压铸模中十分重要的结构单元，其形式是多种多样的。另外，为了保持模具温度场的分布符合工艺的需要，模具内又设有冷却装置或冷却加热装置，对实现科学的控制工艺参数和确保铸件质量来说，这一点尤其重要。对于具有良好的冷却（或冷却-加热）系统的模具，还能使模具寿命有所延长，有时寿命往往可以延长一倍以上。

压铸模的结构组成见表 3-2。

表 3-2　压铸模的结构组成

模 体	定 模	型 腔	型 芯
			镶 块
		浇注系统	浇口套
			分流锥
			直浇道
			横浇道
			内浇道
		溢流排气系统	溢流槽
			排气槽，排气塞
	动 模	抽芯机构	活动型芯
			滑块，斜滑块
			斜销，弯销，齿轮，齿条
			楔紧块，楔紧销
			限位钉，限位块
		导向部分	导柱，导套
		模体部分	套板，座板，支撑板
		加热冷却系统	加热及冷却通道
模 架	推出机构		推板，推管，卸料板
			推板，推杆，固定板
			复位杆，导柱，导套，限位钉
	预复位机构		摆轮，摆轮架
			预复位推杆
	支撑件		模脚垫铁，座板

3.2.2　压铸件工艺设计

压铸件工艺设计是压铸型设计前必须做的工作，此时应设计浇注、排气系统溢流槽，因为其对压铸件的生产和质量具有决定性的影响，并且也决定了压铸型腔的结构。本部分内容从卧式压铸机模具设计的这几方面详细加以介绍。

3.2.2.1   浇注系统的设计原则

（1）勿使金属进入型腔后立即封闭分型面。

（2）尽量避免金属液正面冲击型芯或型壁，以防止模具局部过热引起黏附金属和磨损。

（3）尽量采用单个内浇口，不要用多个内浇口，以免多股金属流发生撞击，产生包气。

（4）尽量减小金属液流动动能的损失，因此要求流程短，弯折次数少。

（5）内浇口应设置在铸件厚壁部位，以传递最终静压力和补缩。

（6）勿使内浇口的布置造成铸件的收缩变形。

（7）从铸件上去除内浇口比较容易，或将内浇口设置在待加工表面上。

3.2.2.2   浇注系统的组成部分

A　直浇道

卧式压铸机的直浇道由浇口套和分流锥构成。浇口套的内径即为直浇道直径。由于压铸机的压射力是一定的（或可作几级调整），所以它的直径决定了压射金属的比压并影响流动速度和填充时间。当铸件壁薄，形状简单，要求较小的比压时，应选择较大的直径；当铸件壁厚，形状复杂，要求较大的比压时，应选择较小的直径。各部位尺寸关系见图 3-30。

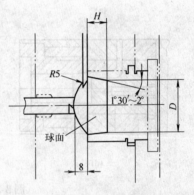

图 3-30　卧式压铸机直浇道尺寸

a 常用分流锥

卧式冷室压铸机用的分流锥的结构形式见图 3-31。

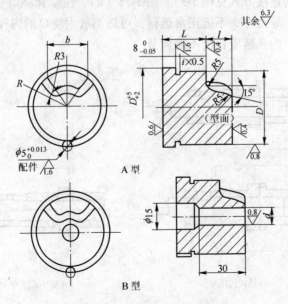

图 3-31　分流锥常用尺寸图

b 浇口套

卧式冷室压铸机用的浇口套的结构形式见图 3-32。其中图 3-32（a）拆装方便，压室同浇口套同轴度偏差较大。图 3-32（b）装拆方便，压室同浇口套同轴度偏差较小，但浇口套耗料较多。图 3-32（c）拆装不便，压室同浇口套同轴度偏差较大。图 3-32（d）浇口套通冷却水，模具热平衡好，有利于提高生产率。图 3-32（e）用于采集整体压室时点浇口的浇口套。图 3-32（f）用于卧式冷压室压铸机采用中心浇口的浇口套。

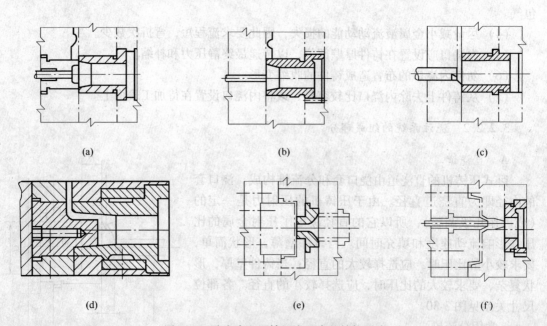

图 3-32　卧式冷室压铸机浇口套的结构形式

压室和浇口套的连接方式见图 3-33。图 3-33（a）：压室和浇口套分别制造，为防止加工误差影响同轴度，导致冲头不能正常运行，可适当放大浇口的内径。图 3-33（b）：压室和浇口套制成整体，内孔精度长度不能调节。

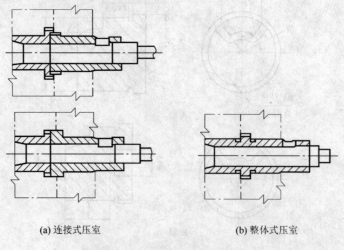

(a) 连接式压室　　　　　　　　　　(b) 整体式压室

图 3-33　压室和浇口套的连接方式

浇口套、压室和压射冲头的配合尺寸见图 3-34 和表 3-3。

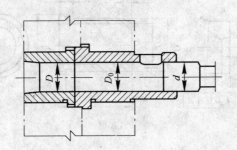

图 3-34　浇口套、压室和压射冲头的配合尺寸

表 3-3　浇口套，压室和压射冲头的配合尺寸　　（mm）

压室基本尺寸 D0		>18 – 30	>30 – 50	>50 – 80	>80 – 120
尺寸偏差	浇口套（F8）	+0.053 +0.020	+0.064 +0.025	+0.076 +0.030	+0.090 +0.036
	压室 D0（H7）	+0.021 0	+0.025 0	+0.030 0	+0.035 0
	压射冲头 d（e8）	−0.040 −0.073	−0.050 −0.089	−0.060 −0.106	−0.072 −0.126

浇口套常用尺寸见图 3-35 和表 3-4。

表 3-4　浇口套常用尺寸　　（mm）

	基本尺寸	25	30	35	40	45	50	60	70
D（F8）	偏差	+0.053 +0.020				+0.064 +0.025		+0.076 +0.030	
	基本尺寸	35	40	45	50	60	65	75	85
D1（h8）	偏差	0 −0.039				0 −0.046		0 −0.054	
b		10　16	10　16	16　20	16　20	16　24	16　24	20　30	20　30
h		6	6	8	8	10	10	12	12
L		视需要而定							

B　横浇道

横浇道用来把金属从直浇道引入内浇口，传递静压力和补充铸件冷凝收缩所需的金属。当一模多腔，采用分支横浇道时，最好不用 90°的转折，一般转折角度采用 80° ~ 85°，见图 3-36。

卧式压铸机的横浇道要开在直浇道的上方，以免压射前金属液自动流入型腔，见图 3-37。

C　内浇口

内浇口是浇注系统最终的一段，直接与型腔相通。它的作用是使横浇道输送的低速金属液变为高速输入型腔中，并使之形成理想的流态而顺序地填充至型腔。

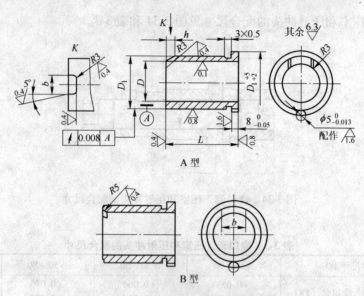

图 3-35　浇口套常用尺寸

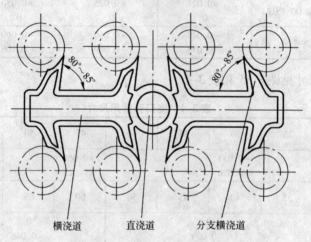

横浇道　　　直浇道　　　分支横浇道

图 3-36　分支横浇道

内浇口的位置、形状和大小可以决定金属液的流速、流向和流态，对铸件质量有直接关系。薄的内浇口，金属液流速高，对填充薄壁和形状复杂零件有利，能获得外形清晰的铸件。但过薄会使金属液成喷雾状高速流入型腔，与空气混合在一起，金属液滴与型腔接触后很快地凝固，在铸件表面形成麻点和气泡，并由于冲刷型面，容易和型腔产生黏附现象，内浇口增厚，金属液流入速度相对降低，有利于排除型腔中的气体及传递静压力，使铸件结晶致密，表面粗糙度低。但内浇口过厚会使流速过分降低，延长填充时间，金属液温度下降，使之与型腔接触表面形成硬皮，造成铸件轮廓不清晰，成型不良，并给切除浇注系统时增加困难。

（1）内浇口断面积的计算。这种计算方法是使金属液以一定的速度和在预定的时间内充满型腔而得来的，见下式。

$$F_内 = Q / \gamma v T$$

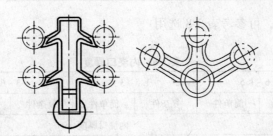

图 3-37　卧式压铸机的横浇道

式中　$F_内$——内浇口断面积，mm^2；

　　　　Q——铸件质量；

　　　　γ——液态金属的密度，g/cm^3，见表 3-5；

　　　　v——内浇口处金属液的流速，m/s，见表 3-6；

　　　　T——填充型腔时间，s，不同壁厚不同材料的铸件均不一样，为了计算方便，可
　　　　参考表 3-7。

表 3-5　液态金属密度值

合金种类	铅合金	锡合金	锌合金	铝合金	镁合金	铜合金
$\gamma/g \cdot cm^{-3}$	8~10	6.6~7.3	6.4	2.4	1.65	7.5

表 3-6　不同情况下的流速值

比压/$kg \cdot cm^{-2}$	壁厚/mm		
	1~4	4~8	>8
	流速 $v/m \cdot s^{-1}$		
<200	56	45	34
200~400	37.5	30	22.5
400~600	18.75	15	11.25
600~800	15	12	9
800~1000	11.25	9	6.75
>1000	7.5	6	4.5

表 3-7　不同情况下的填充时间值

合金种类	铸件壁厚状况		合金种类	铸件壁厚状况	
	均匀	不均匀		均匀	不均匀
	时间 T/s			时间 T/s	
铅合金、锡合金	0.072	0.108	铝合金	0.054	0.081
锌合金	0.060	0.090	镁合金、铜合金	0.048	0.054

（2）内浇口厚度，可参考表3-8选用。

表3-8　内浇口厚度

铸件壁厚/mm	0.6~1.5		1.5~3		3~6		>6
合金种类	复杂件	简单件	复杂件	简单件	复杂件	简单件	为铸件壁厚/%
	内浇口厚度/mm						
锌合金	0.4~0.8	0.4~1.0	0.6~1.2	0.8~1.5	1.0~2.0	1.5~2.0	20~40
铝合金	0.6~1.0	0.6~1.2	0.8~1.5	1.0~1.8	1.5~2.5	1.8~3	40~60
镁合金	0.6~1.0	0.6~1.2	0.8~1.5	1.0~1.8	1.5~2.5	1.8~3	40~60
铜合金		0.8~1.2	1.0~1.8	1.0~2.0	1.8~3.0	2.0~4.0	40~60

（3）内浇口宽度，可根据断面积和厚度求得。但内浇口宽度对填充状态有影响，适当的宽度便于排气并可避免涡流产生。对于形状简单的铸件，可参考图3-38。

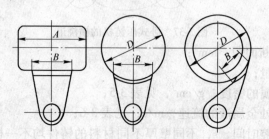

图3-38　简单形状铸件的内浇道

矩形：$B = (0.6~0.8) A$；圆形：$B = (0.4~0.7) D$；

环形：$B = (0.25~0.33) D$

（4）内浇口长度，一般取2~3mm。过长会使液流阻力加大，压力不易传递；过短会发生喷溅现象，使内浇口处磨损加快。为了在去除浇注系统时不至损伤铸件本体，在内浇口与型腔连接处制成（0.3~0.5）×45°的倒角，见图3-39。

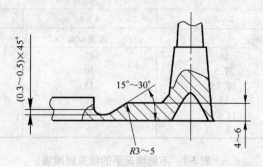

图3-39　内浇口与型腔连接处尺寸

D　点浇口

点浇口适用于外形对称、壁厚均匀、高度不大、顶部无孔的罩壳类铸件。点浇口是顶浇口的一种特殊形式，它克服了顶浇口存在的缺点，金属液以高速沿整个型腔均匀充填。点浇口的结构见图3-40。

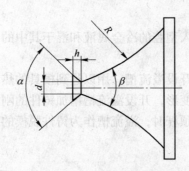

图 3-40　点浇口的结构

点浇口的直径很小，多为 3mm 左右，铸件顶面越大，其直径应相应增加。点浇口的直径选择见表 3-9。

点浇口其他部分尺寸的选择见表 3-10。

表 3-9　点浇口直径的选择

铸件投影面积 F/cm^2		≤80	80~150	150~300	300~500	500~750	750~1000
直径 d/mm	简单铸件	2.8	3.0	3.2	3.5	4.0	5.0
	中等复杂铸件	3.0	3.2	3.5	4.0	5.0	6.5
	复杂铸件	3.2	3.5	4.0	5.0	6.0	7.5

注：表中数值适用于铸件壁厚在 2.0~3.5mm 范围内的铸件。

表 3-10　点浇口其他部分尺寸的选择

直径 d/mm	<4	<6	<8
厚度 h/mm	3	4	5
出口角度 $\alpha/(°)$	50~90		
进口角度 $\beta/(°)$	45~60		
圆弧半径 R/mm	30		

3.2.2.3　溢流槽的设计

为了排除和减少铸件内的残渣和气孔，在设计浇注系统的同时，应考虑到设置浇冒口。

A　溢流槽的作用

（1）容纳最先进入型腔的冷金属液和混于其中的气体、残渣，消除铸件的冷隔、气孔和夹渣。

（2）提高模具的局部温度，以达到模具的热平衡。

（3）增加薄壁铸件的强度，防止脱模时变形。

（4）溢流槽下面设置顶杆，使铸件表面没有顶杆痕迹。

（5）可作为加工基准和装夹的定位部位。

B 溢流槽的设计要点

（1）使溢流槽容纳最先进入型腔的冷金属液和混于其中的气体、残渣，以利于消除铸件的气孔、冷隔和夹渣等缺陷。

（2）在型腔温度较低部位开设溢流槽，用以达到模具的热平衡。

（3）防止薄壁铸件脱模时变形，开设溢流槽增加铸件的刚度。

（4）铸件表面不允许设置顶杆时，溢流槽作为铸件脱模的顶动部位。

3.2.2.4 排气槽的设计

排气槽的作用是在金属液填充型腔过程中，使气体排出型腔而不留在铸件内。排气槽的布置和集渣包的设置应与浇注系统的设计总体考虑。

A 排气槽的设计要点

（1）设置与型腔的金属液最后到达的部位。

（2）设置与金属液进入型腔后初始冲击的部位。

（3）设置于集渣包的外侧。

（4）如排气槽需从操作者一边通向模外时，必须在排出口处设有防护板。

（5）深腔内不易排气处设置排气塞，或利用型芯、顶杆的配合间隙排出气体，见图 3-41。

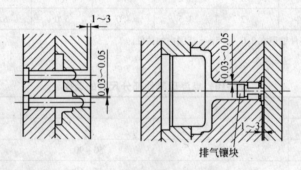

图 3-41 排气槽

（6）排气槽应做成曲折形，防止金属溅出。

（7）排气槽尽量分布在分型面上，不影响铸件的脱模。

B 排气槽的尺寸

排气槽的尺寸见图 3-42、表 3-11。

表 3-11 排气槽常用尺寸 （mm）

合 金 种 类	h	h_1	b
锌合金	0.05 ~ 0.08	< 0.1	6 ~ 20
铝合金、镁合金	0.08 ~ 0.1	< 0.15	6 ~ 20
铜合金	0.10 ~ 0.15	< 0.20	6 ~ 20

排气槽断面积的总和最好大于内浇口断面的一半，排气槽在分型面上所占面积不得大于整个面积的一半。

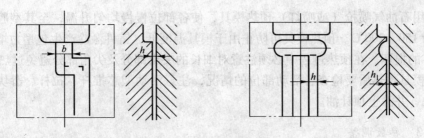

图 3-42　排气槽尺寸

3.2.3　压铸模的安装与调试

3.2.3.1　模具安装前准备

（1）测量模具的长、宽、高，根据测量后的数据，与压铸机的尺寸参数相比较，判断模具能否安装在本台压铸机上。

（2）测量模具定位孔的内径和深度，比较是否与定模板上入料筒止口的外径及凸出高度相配。

（3）测量模具的定位孔与模具外平面的距离，判定本压铸机机台是否与模具相配。

（4）测量顶出板尺寸，与模板尺寸图中的有关数据进行比较，判定机台是否合适。

（5）根据模具的设计参数，调整好顶针行程和合模侧的限位开关等，以便在调整模具厚度时不致使模具受到损坏。

（6）准备好模具压板、压板垫块、压紧螺栓、螺母、平垫圈、扳手、管件等。

3.2.3.2　模具的安装及预热

（1）将与模具相匹配的入料筒装上垫套装在头板上。

（2）测量模具厚度，然后调模，使机器在机铰伸至的状态下，头中板间的距离小于模具厚度 1 ~ 1.5mm。

（3）上好模具吊环，先试吊，确认安全后方可起吊。

（4）开模到位，关泵停机，将模具吊入头板中间，调整模具的位置，当浇口与压室中心一致时，用力将模具推向头板，直至浇口套顺利地进入入料筒台阶，模板面与头板贴平。检查水平后，装码模夹将其拧紧。

（5）装好顶针杆或顶针推杆。

（6）启动气动马达，选择慢速锁模，把模具压紧并用码模夹将动模固定在中板上。

（7）慢速开锁模多次，模具导柱应顺利进入导套，并进行锁模力的调整。

（8）开模终止，调整顶针行程，要求顶出的铸件不会自然掉落，并能用夹具轻松取出。

（9）若模具有液压抽芯机构，注意抽芯动作程序，确保抽芯动作符合工艺要求。

（10）装好模具的冷却水管并通水检查有无漏水现象。

（11）复查装模情况，特别注意码模夹是否拧紧，确认无误后，开模到位，清除模具上的油污。

（12）将已经装配好的锤柄安装在机器连接板上，手动锤前锤后，锤头在压室中运动应顺畅自如。安装锤头锤柄，注意检查入料筒是否松动。

（13）用石油气喷枪（或喷灯）预热模具，使各部位慢慢均匀升温，至其型腔、型芯表面温度为 150～200℃。预热模具可防止由于模具温度低，铸件激冷产生包型力增大，导致推杆型芯的损坏。在预热过程中必须注意对细长的突出部分及尖角部分避免过热。

（14）模具预热后要检查各活动部位的情况，注意活动型芯推杆、拉杆、滑块等不得有卡模现象，并涂上顶针油。

3.2.3.3　参数调整

（1）按压射室直径确定合适的锤头，把回锤到位吉制（行程开关）移到最后端，使用手动回锤把打料活塞退回到最后端，并装上锤头组件。

（2）轻轻转动锤头组件，锤头在压射室内各个位置应转动灵活、轻松，无明显阻力。

（3）使用手锤前，当锤头突出定模具表面 10～20mm 时，停止运动。此时根据压射画面内的"当前位置"值，设定压射终止位置。回锤后再次手动锤前，确认锤前停止位置正确。

（4）调整开模行程，要求开模到位后，动模具与定模具之间的距离比成型制品在此方向上的长度长 5～10mm，以防止顶针、顶杆损坏模具而又能顶出铸件。

（5）在操作屏上调整顶针行程设定值，以调整顶针行程，确保顶出时铸件可以顺利顶出，顶回时顶针可退回原位。

（6）如果模具上设计有抽芯，需要连接模具抽芯装置的软喉和限位开关。

（7）前后移动抽芯进限及抽芯回限吉制，将抽芯顶杆调整到合适的位置。

（8）根据压铸件性质选择合适的锁模力，在保证铸件合格的情况下，应选择最小的锁模力，这有利于延长机器的使用寿命。

任务 3.3　压铸件的生产

【任务描述】

本教学任务包含压铸铝合金的熔炼、压铸工艺设定、压铸生产操作和压铸件缺陷的分析与防止四部分，主要学习任务是将理论计算制定的压铸工艺参数用于试生产工艺的基准。在实践生产过程中，通过观察压铸件的质量进一步调整工艺，最终确定该铸件合理的工艺参数，使学生能够通过试生产而制定压铸件的工艺，同时能够辨别铸件的缺陷，及时制定防止措施。在此过程中学习相关知识与实际操作技能。

【学习目标】

（1）掌握压铸铝合金的基本知识，会进行熔炼操作；

（2）根据压铸件的结构特点，制定压铸工艺；

（3）在生产过程中，能够根据铸件质量及时调整压铸工艺；

（4）能够独立进行压铸件的生产操作；

（5）能够辨别铸件的缺陷，及时制定防止措施。

3.3.1　压力铸造铝合金的熔炼

3.3.1.1　压铸铝合金的特点

压铸铝合金的特点见表 3-12。

表 3-12　压铸铝合金的特点

优　点	缺　点
1）密度低（2.5~2.9g/cm³） 2）比强度大 3）耐腐蚀，耐磨性好 4）导热性，导电性好 5）切削性能好	1）铝硅系合金易粘模，切削性能差 2）对金属坩埚有腐蚀 3）体积收缩大，易产生缩孔

3.3.1.2　化学成分及性能

（1）压铸铝合金中主要元素的作用，见表 3-13。
（2）常用的压铸铝合金物理性能及铸造性能，见表 3-14、表 3-15。
（3）压铸铝合金的化学成分和力学性能，见表 3-16。
（4）压铸用铝合金锭化学成分，见表 3-17。

表 3-13　压铸铝合金中主要元素的作用

元素	含量变化	对铸造性能的影响	对力学性能的影响	对抗蚀性能的影响	对其他性能的影响
Si	增加	流动性提高，产生缩孔、热裂倾向减小	抗拉强度提高，但伸长率下降	对铝锌系合金，抗蚀性提高	切削性能变坏，高硅铝合金对铸铁坩埚熔蚀较大
Mg	增加	对铝镁系合金，流动性提高热裂倾向增大	抗拉强度提高，但伸长率下降	—	对铝硅系合金可改善切削性能，但粘模性能增加
Cu	增加	流动性提高	抗拉强度、硬度提高，伸长率下降	抗腐蚀性能降低	改善切削性能
Zn	增加	对铝锌系合金，铸造性能提高，但热裂倾向增大	对铝锌系合金抗拉强度提高，伸长率下降	抗腐蚀性能降低	—
Mn	≤0.5%	—	提高强度	提高抗腐蚀性能	对铝硅系合金可以抵消铁的有害作用
Fe	增加	流动性降低，热裂倾向增大	力学性能明显下降	抗腐蚀性能下降	对铝硅系合金可减轻粘模，在高硅合金中切削性能变化

表 3-14　常用压铸铝合金的物理性能

合金牌号	合金代号	线胀系数/×10⁻⁶·℃⁻¹			热导率/W·(m·K)⁻¹					比热容/J·(g·℃)⁻¹				电阻系数(20℃)/Ω·mm²·m⁻¹	密度/g·cm⁻³
		20~100℃	20~200℃	20~300℃	25℃	100℃	200℃	300℃	400℃	100℃	200℃	300℃	400℃		
YZAlSi12	YL102	2.11	22.1	23.3	—	167.47	167.47	167.47	167047	0.84	0.88	0.92	1.00	0.0548	2.65
YZAlSi10Mg	YL104	21.7	22.5	23.5	146.53	154.91	159.09	159.09	154.91	0.75	0.88	0.84	0.92	0.0468	2.65
YZAlSi12Cu2	YL108	—	—	—	117.23	—	—	—	—	—	—	—	—	—	2.68
YZAlMgSi1	YL302	20	24	27	125.60	129.79	133.97	138.16	138.16	0.96	1.00	1.05	1.31	0.0643	2.63

表 3-15　常用的压铸铝合金的铸造性能

合金牌号	合金代号	密度/g·cm⁻³			液相线与固相线的温度/℃	收缩率/%	
		20℃	开始凝固	凝固终了		线收缩率	体收缩率
YZAlSi12	YL102	2.56~2.655	2.5~2.55	2.45~2.47	585~574	0.9~1.0	3.0~3.5
YZAlSi10Mg	YL104	2.67~2.68	2.55~2.56	2.46~2.47	600~574	1.0~1.1	3.2~3.4
YZAlSi12Cu2	YL108	2.68	—	—	—	—	—
YZAlMgSi1	YL302	2.67	—	—	630~560	1.25~1.30	—

表 3-16　压铸铝合金的化学成分和力学性能（GB/T 15115—1994）

序号	合金牌号	合金代号	化学成分/%											力学性能（不低于）		
			硅	铜	锰	镁	铁	镍	钛	锌	铅	锡	铝	抗拉强度 σ_b/N·mm^{-2}	伸长率 λ/% ($L_0=50$)	布氏硬度（HB）(5/250/30)
1	YZAlSi12	YL102	10.0~13.0	≤0.6	≤0.6	≤0.05	≤1.2			≤0.3			余	220	2	60
2	YZAlSi10Mg	YL104	8.0~10.5	≤0.3	0.2~0.6	0.17~0.30	≤1.0			≤0.3	≤0.05	≤0.01	余	220	2	70
3	YZAlSi12Cu2	YL108	11.0~13.0	1.0~2.0	0.3~0.9	0.4~1.0	≤1.0	≤0.05		≤1.0	≤0.05	≤0.01	余	240	1	90
4	YZAlSi9Cu4	YL112	7.5~9.5	3.0~4.0	≤0.5	≤0.3	≤1.2	≤0.05		≤1.2	≤0.1	≤0.1	余	240	1	85
5	YZAlSi11Cu3	YL113	9.6~12.6	1.5~3.5	≤0.5	≤0.3	≤1.2	≤0.5		≤1.0	≤0.1	≤0.1	余	230	1	80
6	YZAlSi17Cu5Mg	YL117	16.0~18.0	4.0~5.0	≤0.5	0.45~0.65	≤1.2	≤0.1	≤0.1	≤1.2			余	220	<1	
7	YZAlMg5Si1	YL302	0.8~1.3	≤0.1	0.1~0.4	4.5~5.5	≤1.2		≤0.2	≤0.2			余	220	2	70

注：除有范围的元素及必检元素外，其余元素在有要求时抽检。

表 3-17　压铸用铝合金锭化学成分

合金牌号	合金锭代号	主要元素 /%					杂质含量（不大于）/%											
		Si	Cu	Mg	Mn	Al	Fe	Cu	Mg	Zn	Mn	Ti	Zr	Ti+Zr	Ni	Sn	Pb	其他杂质总和
YAlSi12D	YLD102	10.0~13.0				余量	0.9	0.3	0.25	0.1	0.4							0.15
YAlSi9MgD	YLD104	8.0~10.5		0.2~0.35	0.2~0.5	余量	0.8	0.3		0.1		0.15	0.1	0.15		0.01	0.05	0.15
YAlSi8Cu3D	YLD112	7.5~9.5	2.5~4.0			余量	0.9		0.3	1.0	0.6	0.2			0.5	0.2	0.3	0.15
YAlSi11Cu3D	YLD113	9.6~12.0	2.0~3.5			余量	0.9		0.3	0.8	0.5				0.5	0.2		0.15
YAlSi7Cu5D	YLD117	16.0~18.0	4.0~5.0	0.50~0.65		余量	0.9			1.5	0.5				0.3	0.3		0.15
YAlMg5Si1D	YLD302	0.8~1.3		4.6~5.5	0.1~0.4	余量	0.9	0.1		0.2			0.15					0.15
YAlMg3D	YLD306	—		2.6~4.0	0.4~0.6	余量	0.6	1.0		0.4						0.1	0.1	

注：1. "Y"为汉语拼音"压"的第一个字母。
2. 有上下限数值的主要元素及铁为必检元素，其余元素可定期分析。

3.3.1.3　压铸铝合金的熔炼

A　熔炼设备及工具的准备

铝合金的熔炼可在电阻炉、感应炉、油炉、燃气炉等中进行。而含镁易氧化的合金以电阻炉熔炼为宜。常用熔炼炉的优缺点及适用范围参见表3-18。

表3-18　铝合金常用的熔炼炉

类　别	优　点	缺　点	适用范围
电阻坩埚炉	控制温度准确,金属烧损少,合金吸气少,操作方便	熔化速度慢,生产率不高,耗电量大	所有牌号铸铝合金,铸镁系合金宜采用此种熔炉
电阻反射炉	炉子容量大,金属烧损少,控制温度准确,操作方便	发热元件寿命短,熔化速度较慢	适用大批量连续生产
红外熔炼炉	热效率高,金属熔化快,金属烧损少,控制温度准确,调节方便	熔化量较小	铸铝合金都适用
中频感应电炉	熔炼可达较高温度、熔化速度快,灵活方便,合金受磁场搅拌均匀	设备较复杂,熔化量较小	适用于配制中间合金及含钛的铝铜系合金
无芯工频感应炉	熔化速度快,金属液成分均匀,温度控制准确,操作简单	熔炼过程中金属液翻腾,金属烧损较大	适宜作熔化炉使用
焦炭坩埚炉	设备简单,熔化速度快	炉温难控制,金属烧损大,合金吸气量大,燃料耗量大,效率低	铸铝合金都适用
煤气或重油炉	熔化速度快,熔炼可达较高温度,温度易控制,使用灵活,金属烧损较少	燃料消耗量大,温度的控制准确度不如电炉高	铸铝合金都适用
火焰反射炉	熔化速度快,熔化量大	温度不易控制,金属烧损多,燃料消耗量大	适用于大批量连续生产

合金的熔化量大,又需分炉批浇注时,可采用集中熔化与分炉保温的方法。用坩埚熔炼时,一般采用铸铁坩埚、石墨坩埚,也可采用铸钢(或钢板焊接)坩埚,最好采用内壁是非金属材料,外壁是金属材料的复合材料坩埚。新坩埚使用前应清理干净,仔细检查有无穿透性缺陷。

坩埚、锭模及熔炼工具使用前必须除尽残余金属及氧化皮等污物,经200~300℃预热并涂以防护涂料。含镁的合金用熔炼工具也可在使用前于熔融的光卤石熔剂中洗涤。

涂料配制时,先将涂料成分(见表3-19)按比例称好,将水玻璃溶解于60℃以上的热水中,把混合均匀的粉状材料倒入水玻璃溶液中,搅拌均匀。

表 3-19　涂料成分

涂　料	涂料成分/%				
	氧化锌	白垩粉	滑石粉	水玻璃	水分
CT-1	5～7	7～9	—	4～6	余量
CT-2	—	—	20～25	5～6	
CT-3	—	20～25	—	5～6	

涂完涂料后的坩埚、锭模及熔炼工具，使用前在 200～300℃下预热不少于 1h。涂有涂料的工具使用时间以涂料不剥落为原则，一般不超过 48h。

B　原材料

铝合金铸件所用的压铸铝合金锭和中间合金锭应符合国家标准的要求。

C　合金的熔化

配制工作合金除新合金锭外，炉料中还允许采用一定数量的回炉料，按其质量情况，回炉料分为三级。

一级回炉料：不是因杂质含量超过标准而报废、没有油污的铸件，可不经重熔直接用于配料，其用量一般不超过 80%。

二级回炉料：压铸件的浇口、坩埚底料等，用量一般不超过 60%，但 I 类铸件不允许采用。

三级回炉料：碎小的铸件飞边等废料于需经重熔及成分分析方可用于配料。其用量一般不超过 30%，但 I 类铸件不允许采用。

以上回炉料搭配使用时，回炉料总量不宜超过 80%，其中三级回炉料不高于 10。以上回炉料搭配使用时，回炉料总量不宜超过 80%，其中三级的回炉料不高于 10%，二级回炉料不超过 40%。

配制合金的全部炉料应除去油污、锈蚀、泥沙、镶嵌件等。

入炉前的炉料可在炉旁预热，在保证坩埚涂料完整和充分预热的情况下，炉料允许随炉预热。根据坩埚容量情况，可采取同时或分批装入回炉料、合金锭，加温熔化。熔融的合金在熔炉中停留时间应尽量缩短。特别是从合金精炼后至浇注完毕的时间更须严格控制，压铸时间不宜超过 4h。

熔化过程中的最高温度一般不宜超过 760℃，坩埚底剩余 50～100mm 的合金液不应用于浇注铸件。

D　合金的精炼

合金精炼是为了纯净铝合金液，使铝合金液中的气体排出，杂质上浮至熔液表面，以便去除。

铸造铝合金精炼的方法很多，按其合金特性可采用表 3-20 所示精炼工艺。

表 3-20　合金的精炼工艺及应用范围

精炼剂种类	用量/%	精炼温度/℃	精炼时间/min	静置时间/min	应用范围	特　性
氯化锌	0.2 ~ 0.4	700 ~ 720	4 ~ 8	10 ~ 15	一般铝硅系合金及含锌的铝合金	价廉，效果一般，吸潮性极强
氯化锰	0.2 ~ 0.4	710 ~ 730	4 ~ 6	10 ~ 15	铝铜系合金	价较贵，效果较好，吸潮性较强
六氯乙烷	0.3 ~ 0.6	680 ~ 740	8 ~ 10	10 ~ 15	各种铸造铝合金	效果较好，不吸潮，使用方便，有一定刺激性气味
70%六氯乙烷，30%二氧化钛	0.4 ~ 0.6	680 ~ 740	8 ~ 10	10 ~ 15	高强度铸造铝合金	在除气精炼的同时，有一定细化效果，不吸潮，但有一定刺激性气味
氯气	—	670 ~ 700	10 ~ 15	10 ~ 15	针孔要求严的铝合金铸件	效果好，但毒性和腐蚀性大
氮气	—	680 ~ 730	10 ~ 15	10 ~ 15	各种铸造铝合金	无毒，无烟雾，无刺激性气味，精炼效果尚可，残渣少
90% ~ 95%氮气，5% ~ 10% F12	—	680 ~ 730	6 ~ 8	10 ~ 15	各种铸造铝合金	毒性小，无烟尘，效果较好，残渣少
60%光卤石，40%氟化钙	2 ~ 4	660 ~ 700	6 ~ 8	10 ~ 15	铝镁系合金	防氧化性好，精炼效果较好，但有刺激性气味

注：1. 精炼剂用量为占炉料总量的百分数；
　　2. 铸件针孔度要求严，炉料质量差及潮湿季节，精炼剂用量偏上限。

氯盐精炼是通过氯盐与铝作用生成挥发性的氯化铝（$AlCl_3$），在挥发过程中产生机械翻腾作用，带出气体与杂质。如氯化锌、氯化锰的化学反应为：

$$3ZnCl_2 + 2Al \longrightarrow 3Zn + 2AlCl_3$$
$$3MnCl_2 + 2Al \longrightarrow 3Mn + 2AlCl_3$$

六氯乙烷（C_2Cl_6）精炼的化学反应为：

$$3C_2Cl_6 + 2Al \longrightarrow 3C_2Cl \uparrow + 2AlCl_3 \uparrow$$

四氯乙烯（C_2Cl_4）和氯化铝（$AlCl_3$）都处于蒸气状态（沸点分别为 121℃ 和 183℃），两者同时加入除气过程。

氯气处理是氯的气流通过熔化的铝合金，与铝作用生成挥发性的氯化铝（$AlCl_3$），并与合金液内的氢作用生成挥发性的氯化氢（$HCl \uparrow$），从合金液中逸出，其化学反应为：

$$3Cl_2 + 2Al \longrightarrow 2AlCl_3$$
$$Cl_2 + H_2 \longrightarrow 2HCl \uparrow$$

由于处理时的化学作用与挥发物挥发过程所产生的机械搅拌作用，可使合金液中的气体和杂质排除得很干净，因此处理的质量很高。

氮气精炼主要是不断向合金液里吹入氮气，产生气泡吸附合金液里的夹杂物 Al_2O_3，从铝合金液中带出。当气泡浮出液面后，气泡中的 H_2 也一并被带出，从而起到除渣除气的作用。

采用氯化锌精炼时，如果预先将氯化锌重熔脱水，则效果更佳。精炼时，由于烟雾大，需备抽风装置。

氯化锰精炼剂用前需在 120～150℃下烘烤 2～4h，严防吸潮。精炼时有一定烟雾，需备抽风装置。

六氯乙烷及混合物最好以块状使用，以减缓反应的剧烈程度、延长精炼时间和提高精炼效果。由于烟雾大，需备抽风装置。

采用氯盐精炼时，一般用钟罩将其压入距坩埚底部 100mm 左右处轻微搅动，直至精炼完毕。

氯气精炼是迄今为止公认效果较好的精炼工艺，但腐蚀和污染严重。采用氯气精炼时，氯气温度应控制在 670～690℃，精炼结束时温度不超过 700℃，通气压力一般为 0.015～0.02MPa，精炼管距坩埚底 50～14mm。需备很好的抽风装置。氮气精炼工艺适用面广，精炼效果尚可；使用方便，无毒、无烟雾、无刺激性气味。

氮气-氟利昂 12 混合气体精炼工艺适用于所有铸造铝合金，具有精炼效果好、使用方便、金属损耗少的综合效果。

采用气体精炼工艺时，所用气体通气前均需进行干燥处理。

采用 60% 光卤石和 40% 氟化钙熔剂作精炼剂时，需将上述混合物熔融后浇成薄片，然后粉碎以彻底进行脱水处理，对含镁量较高的铝合金精炼效果较好。

目前国内不少专业厂家生产了不同种类的精炼剂，其用量与操作方法应按产品使用说明书进行。

E　技术安全规程

（1）开炉前需确认所使用的设备及仪表运转正常。

（2）采用对环境有污染的精炼剂时，熔化设备及倒渣处应设有抽风装置。

（3）操作者必须熟悉设备安全操作规程和穿戴好防护用品后方可进行生产。

（4）电炉的配电盘和操纵台上，应设有加热元件通电和断电的指示灯。

（5）所有接触铝液的熔化浇注工具、锭模及炉料在使用前必须进行充分预热。

（6）装炉料前应仔细检查坩埚，若发现裂纹及严重膨胀变形情况，应停止使用，更换新坩埚。

（7）坩埚起吊时，电炉应断电。

（8）氯气瓶应放在室温不高于 25℃的专用房间内，指定专人保管。经常检查管路系统，杜绝漏气现象的发生。

（9）熔化及浇注所产生的废气，其排放标准应严格遵循国家相应的环卫标准的规定。

3.3.2　压铸工艺

3.3.2.1　压铸工艺参数分析

为了便于分析压铸工艺参数，下面以如图 3-43 和图 3-44 所示的冷室压铸机压射过程以及压射曲线图为例，对压射过程按三个阶段进行分析：

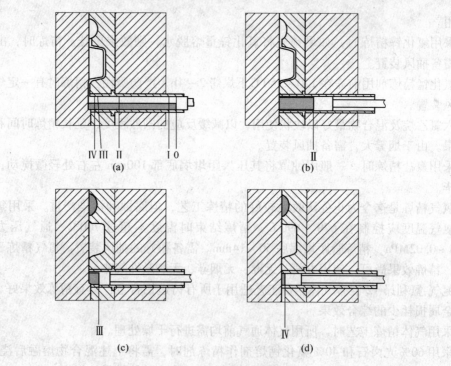

图 3-43　卧式冷室压铸机压射过程

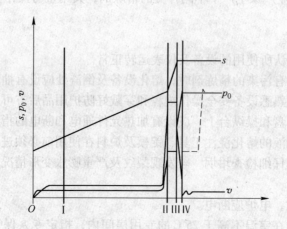

图 3-44　卧式冷室压铸机压射曲线图

s—冲头位移曲线；p_0—压力曲线；v—速度曲线

第一阶段（图 3-43（a），(b)）：压射冲头慢速运动阶段，由 0-Ⅰ 和 Ⅰ-Ⅱ 两段组成。在 0-Ⅰ 段中，压射冲头以低速运动，封住浇料口，推动金属液在压射室内平稳上升，使压射室内空气慢慢排出，并防止金属液从浇口溅出；在 Ⅰ-Ⅱ 段中，压射冲头以较快的速度运动，使金属液充满压射室前端并堆聚在内浇口前沿。

第二阶段（图 3-43（c））：Ⅱ-Ⅲ 段，压射冲头快速运动阶段，使金属液充满整个型腔与浇注系统。

第三阶段（图 3-43（d））：Ⅲ-Ⅳ 段，压射冲头终压阶段，压射冲头运动基本停止，速度逐渐降为 0。

A 压力参数

a 压射力

压射冲头在 0-Ⅰ段,压射力是为了克服压射室与压射冲头和液压缸与活塞之间的摩擦阻力;Ⅰ-Ⅱ段,压射力上升,产生第一个压力峰,至足以突破内浇口阻力为止;Ⅱ-Ⅲ段,压射力继续上升,产生第二个压力峰;Ⅲ-Ⅳ段,压射力作用于正在凝固的金属液上,使之压实,此阶段需有增压机构才能实现,此阶段压射力也称为增压压射力。

b 比压

比压可分为压射比压和增压比压。

在压射运动过程中,0-Ⅲ段,压射室内金属液单位面积上所受的压射力称为压射比压;在Ⅲ-Ⅳ段,压射室内金属液单位面积上所受的增压压射力称为增压比压。比压是确保铸件质量的重要参数之一,推荐选用的增压比压如表 3-21 所示。

表 3-21 增压比压选用值 （MPa）

合 计	普通件	技术件	受力件
铝合金	~40	40~70	70~100
镁合金	~40	40~60	60~80
锌合金	~20	20~30	30~40
铜合金	~40	40~80	80~100

注:铸件壁厚大于 3mm 时取上限值。

c 胀吸力

压铸过程中,充填型腔的金属液将压射活塞的比压传递至型（模）具型腔壁面上的力称为胀型力。主胀型力的大小等于铸件在分型面上的投影面积（多腔模则为各腔投影面积之和）,加上浇注系统、溢流、排气系统的面积（一般取总面积的 30%）乘以比压,其计算公式如下:

$$F_{主} = Ap_b/10$$

式中 $F_{主}$——主胀型力,kN;

A——铸件在分型面上的投影面积,cm²;

p_b——压射比压,MPa。

分胀型力（$F_{分}$）的大小是作用在斜销抽芯、斜滑块抽芯、液压抽芯锁紧面上的分力引起的胀型力之和。

d 锁型（模）力

锁型（模）力是表示压铸机大小的最基本参数,其作用是克服压铸填充时的胀型力。在压铸机生产中,应保证型（模）具在胀型力的作用下不致胀开。压铸机的锁型（模）力必须大于胀型力才是可靠的。锁型（模）力和胀型力的关系如下:

$$F_{锁} \geqslant K(F_{主} + F_{分})$$

式中 $F_{锁}$——压铸机应有的锁型（模）力,kN;

K——安全系数,一般取 1.25;

$F_{主}$——助胀型力,kN;

$F_分$——分胀型力，kN。

压铸生产过程中，锁型（模）力大小的选择直接反映到压铸分型面处有否料液飞溅、铸件内组织的密度、有否气孔、成形是否完整、有否飞边及毛刺等。调整时，在保证铸件合格的前提下尽量减小锁型（模）力。

为简化选用压铸机时各参数的计算，可根据压铸机具体的工作性能作出"比压、投影面积与胀型力关系图"，参见图 3-45。在已知型（模）具分型面上铸件总投影面积 ΣA 和所选用的压射比压 p_b 后，能从图中直接查出胀型力。

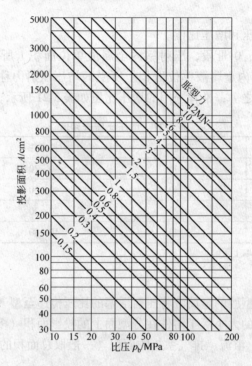

图 3-45　比压、投影面积与胀型力关系图

B　速度参数

速度的表示形式分为压射速度（即冲头速度）和填充速度（即内浇口速度）两种。过程中的速度直接影响压铸件质。

a　压射速度

压射室内冲头推动熔融金属液的移动速度，又称压射冲头速度，以 m/s 表示。在压射运动中，压射速度分为慢压射速度和快压射速度。

（1）慢压射速度：压射冲头在压射运动的第一阶段（0-Ⅰ和Ⅰ-Ⅱ段）的移动速度。速度大小与压射室或冲头直径有关，压射室内径越大，速度值较低些；金属液充满度越高，速度值也低些。0-Ⅰ段一般选用 0.1～0.3m/s；Ⅰ-Ⅱ段一般选用 0.2～0.8m/s。

（2）快压射速度：压射冲头在压射运动的第二阶段（Ⅱ-Ⅲ段）的移动速度。快速压射速度的大小直接影响金属液的填充速度，其速度大小与型腔容积、型腔数、冲头直径、填充时间有关。其计算公式如下

$$v_压 = 4V/\pi d^2 t$$

式中　$v_压$——快速压射速度，m/s；

　　　　V——型腔容积，m³；

　　　　d——压射冲头直径，m；

　　　　t——填充时间，s。

b　填充速度

填充速度指金属液在压力作用下，通过内浇口进入型腔的线速度，又称为内浇口速度。由于型腔形状的多变性和复杂性，通常描述和设定的填充速度均指填充时段内的平均线速度。

过高的填充速度，会使铸件组织内部呈多孔性，力学性能明显降低，故对铸件内在质量、力学性能和致密性要求高时，不宜选用高填充速度；而对于结构复杂并对表面质量要求高的薄壁铸件，可选用较高的冲头速度及填充速度。压射速度与填充速度的关系可以根据等流量连续流动原理（在同一时间内金属液以压射速度流过压射室的体积与以填充速度流过内浇口截面的体积相等）推出。即

$$A_压 v_压 = A_内 v_内$$
$$v_充 = \pi d^2 v_压 / 4A_内$$

式中　$v_充$——填充速度，m/s；

　　　　$v_压$——压射速度，m/s；

　　　　$A_压$——压射室截面积，mm²；

　　　　d——压射室内径，mm；

　　　　$A_内$——内浇口截面积，mm²。

要调整填充速度，可以通过调整压射冲头速度，改变压射室内径和冲头直径，改变内浇口截面积来直接改变填充速度。同时，压射速度也可以通过式中计算得出内浇口速度之后，按公式求得。通常选用的内浇口速度范围如下：铝合金为 30～60m/s；镁合金为 40～100m/s；锌合金为 25～50m/s；铜合金为 25～50m/s。

c　最大空压射速度

最大空压射速度是指机器在空压射情况下的最大压射速度。此项参数能反映压铸机的压射性能，见表 3-22。

表 3-22　卧式冷室压铸机压射性能　（JB/T8084.2—2000）

合型力/kN	最大空压射速度/m·s⁻¹	建压时间/ms
≤1000	≥4	≤30
1000～6300	≥5	≤30
3600～16000	≥4.5	≤40
>16000	≥4	≤40

C　时间参数

a　填充时间

金属液自内浇口开始进入型腔到充满压铸型（模）型腔的过程所需的时间，称为填充时间。填充时间应以"金属液尚未凝固而填充完毕"为前提。影响填充时间的因素有：金属液的过热度；浇注温度；压铸型（模）温度；排气效果；涂料隔热性与厚度等。填充时间的选用范围如表 3-23 所示。

表 3-23　填充时间的选用范围

铸件壁厚/mm	填充时间/s	铸件壁厚/mm	填充时间/s
1.0	0.0110 ~ 0.022	3.5	0.038 ~ 0.088
1.5	0.015 ~ 0.032	4.0	0.045 ~ 0.105
2.0	0.022 ~ 0.045	4.5	0.052 ~ 0.122
2.5	0.027 ~ 0.058	5.0	0.060 ~ 0.140
3.0	0.032 ~ 0.072	6.0	0.070 ~ 0.160

b　持压时间

金属液充满型腔之后，在压力作用下持续一段时间，使铸件完全凝固。这段时间称为持压时间。持压时间的大小与铸件壁厚和金属结晶温度有关，生产中常用持压时间的选用如表 3-24 所示。

表 3-24　常用持压时间　　　　　　　　　　　　　　　　　　（s）

压铸合金	壁厚 < 2.5mm	壁厚 2.5 ~ 6mm
锌合金	1 ~ 2	3 ~ 7
铝合金	1 ~ 2	3 ~ 8
镁合金	1 ~ 2	3 ~ 8
铜合金	2 ~ 3	5 ~ 10

c　留型（模）时间

从持压终了至开型（模）顶出铸件为止的时间，称为留型（模）时间。留型（模）时间根据合金性质、铸件壁厚和结构特性确定，通常以铸件顶出不变形、不开裂的最短时间为宜，选用范围见表 3-25。

表 3-25　常用留型（模）时间　　　　　　　　　　　　　　（s）

压铸合金	壁厚 < 3mm	壁厚 3 ~ 4mm	壁厚 > 5mm
锌合金	5 ~ 10	7 ~ 12	20 ~ 25
铝合金	7 ~ 12	10 ~ 15	25 ~ 30
镁合金	7 ~ 12	10 ~ 15	15 ~ 25
铜合金	8 ~ 12	15 ~ 20	20 ~ 30

D　温度参数

a　浇注温度

浇注温度一般指金属液浇入压射室至填充型腔时段内的平均温度，又称为熔融金属温度。通常在保证填充成形和达到质量要求的前提下，采用尽可能低的温度，一般以高于压铸合金液相线温度 10 ~ 20℃为宜。各种压铸合金浇注温度的选择如下：铝合金为 620 ~ 720℃；镁合金为 610 ~ 680℃；锌合金为 410 ~ 450℃；铜合金为 940 ~ 980℃。

b　压铸型（模）温度

压铸型（模）在生产前要预热，在压铸过程中要保持一定的温度。压铸型（模）总是处在热状态下工作的，这为合金液填充和凝固提供了基本保证。

各种压铸合金的压铸（模）工作温度如下：铝合金为 210 ~ 300℃；镁合金为 240 ~ 300℃；锌合金为 150 ~ 200℃；铜合金为 320 ~ 420℃。

压铸型（模）预热可以避免金属液激冷，减少压铸型（模）的疲劳应力。压铸型（模）滑动部分的膨胀间隙，应在生产前预热时加以调整。

压铸型（模）加热方法有煤气加热、电加热器加热和远红外线加热几种。在加热时，必须将推杆退回到压铸型（模）内，固定型芯与活动型芯的预热尽量达到使用温度，预热要均匀，预热后应进行清理和润滑。预热温度一般为 150℃ ~ 180℃。

E　定量浇料和压射室充满度

a　定量浇料

压铸工艺参数中，热因素和冲头慢压射行程的计算与金属液浇入量有关，每一个浇入量必须精确或变化很小，通常称为定量浇注，所包括的重量和体积如下：

（1）铸件净质量（G_1）和体积（V_1）。

（2）浇道系统内金属质量（G_1）和体积（V_2）。

（3）压射室中余料（料饼）金属质量（G_3）和体积（V_3）。

（4）排溢系统的金属质量（G_4）和体积（V_4）。

则浇入金属液总质量（G）和总体积（V）为：

$$G = G_1 + G_2 + G_3 + G_4$$
$$V = V_1 + V_2 + V_3 + V_4$$

b　压射室充满度

压射室充满度即浇入压射室的金属量占压射室容量的百分数。充满度的大小直接影响铸件的含气率（孔隙率）。

压射室充满度的计算如下

$$\varphi = （V/V_0）\times 100\%$$

式中　φ——压射室充满度（100%），通常以 40% ~ 75% 为宜；

V——浇入金属液体积，m^3，$V = G/\rho$；

ρ——金属液的液态密度：铝合金 2.5g/cm^3，镁合金 1.7g/cm^3，锌合金 6.6g/cm^3，铜合金 8.0g/cm^3；

V_0——压射室容积，包括压射室和型（模）具浇口套两部分的容积，m^3，$V_0 = （\pi d^2/4）l$；

d——压射室内径，m；

l——压射室有效长度，包括型（模）具浇口套长度，m。

3.3.2.2　压铸生产工艺

A　浇注

不管是用机械手浇注或用人工浇注，都应注意以下五个方面：

（1）舀料时应舀取干净的金属液，即舀取氧化膜下面金属液，不能将氧化皮与金属液一起注入压射室。

（2）倒料时，勺子应尽量接近压射室的注入口。若从注入口高处浇下，金属液会飞溅，还会氧化和卷入空气，温度也会降低，要绝对避免这种情况。

（3）浇注温度按铸件的结构、壁厚、合金牌号稍有差别，铝合金一般为 620～700℃。在生产薄壁铸件时取上限，厚壁铸件时取下限。浇注温度又与型（模）具温度有联系，开始生产时，模温总是偏低，浇注温度可稍微提高；当模温升高后，浇注温度可适当降低。从浇注温度的总体与铸件质量的关系来说，浇注温度高，合金的流动性能好，铸件的表面质量好。但另一个方面，温度高就增加了吸收气体的因素，在充填过程中铸件容易产生气孔和缩孔，对型（模）具的冲刷、粘附及损坏的程度也就加快。对有些合金来说，浇注温度低，保温炉中的合金容易出现偏析，造成铸件中的硬质点。但是从整体来说，在不影响铸件质量的原则下，浇注温度一般以低为宜。

（4）金属液从舀进料勺起就开始降温，浇入压射室后，温度降得更快。因此，保温炉内的合金温度并不能代表浇注温度，更不能说是充填温度，尤其是浇注容量很少时，它的温度损失就更多。所以，合金注入压射室的浇料口后，要立刻进行压射，决不能等待，否则，在压射室内的金属液温度急骤下降，影响填充性能。

（5）金属液舀取的量要稳定，尤其是人工舀料时，对于不同重量的产品，应准备不同的料勺。一般来说，料饼的厚度以控制在 15～25mm 为妥。这不仅是一个控制最终压力的传递问题，也是控制合金的充填流态问题，它们都是压铸生产中的重要工艺参数，对铸件质量有一定影响。

　B　冷凝和开型（模）

合金液充入型腔后就很快地冷却，在填满型腔后的同时就开始凝固，但是开型（模）时间必须等到产品有一定强度，要求在动、定型相对受拉力、不致使铸件变形或损坏时，方能开型（模），因此开型（模）时间应按铸件大小、形状、壁厚不同而异。但如果铸件在模内停留时间过长，温度下降过多，铸件的凝固收缩就越多，造成包型力加大，铸件就难以从型芯中推出。尤其是大而薄、强度不高的铸件，极易造成变形或损坏。开型（模）时间又与型（模）具的温度有关，即与型（模）具的冷却能力有关，特别是当金属液浇注量太多，料饼太厚，冷凝时间太短时，厚实的料饼尚未凝固，开型（模）时料饼部位会爆裂飞溅，造成伤害事故，必须引起注意。

　C　顶出和取件

当开型（模）到达终点时，其开关即发出信号。在一般情况下，这个信号由顶出液压缸接收后做推出铸件的动作。当型（模）具设有抽芯液压缸时，这个信号就由抽芯液压缸接收而做出抽芯动作。当抽、插芯动作完成后，顶出液压缸才接收信号而做推出铸件动作。设计人员按铸件的要求安排了抽、插芯的先后程序，其程序应在压铸生产工艺卡上注明。一般来说，这些程序在生产中不可能失常。但这些程序能否正常进行，与顶出液压缸、抽芯液压缸上的限位行程开关的工作状态有关。如果行程开关产生移位或失灵，就会使抽芯的动作程序或行程失常，工作中断，甚至造成型（模）具损坏事故。

适当的顶针推出距离，应该是以使该铸件既卸除了包型力，而又不从型（模）具上自然掉下来为宜，以达到操作者能用轻便的工具从型（模）具中取下为目的。从开型（模）后到再合型（模）的这一段时间，是压铸生产中仅有的能观察到型（模）具的失常部位而能及时维护的时段，也是维持高产优质的关键性环节。

　D　比压的控制及其应用

"比压"是单位面积上所受到的压力。在每一次压射中，都是由压力推动冲头，将压射室中的金属液通过内浇口充满型腔，直至压实成形。按照填充加压的程序和作用，把其全过程划分为两部分，即压射比压和增压比压。

a　压射比压

压射比压是冲头在快速压射中，将压射室中的金属液在设定时间内注入内浇口，直至填满型腔所需要的压力。这个压力的产生，来自于金属液高速通过内浇口时的阻力，压力的大小与内浇口的截面积大小、充填时间的长短成反比，与充填速度成正比。一般来说，它的比压值在极短的时间内跳跃出现，很难察觉，只有用参数测试仪器进行测试时，才能在屏幕上显示它的大小和变化。

压射比压由充型时的工艺参效以及内浇口面积等参数来确定，在型（模）具设计中以及选择设备功能时已考虑了这个因素，然而它对铸件的质量确实有很大的影响，为最终压力（增压比压）的实现奠定了基础。

b　增压比压

在铸件生产中，最终比压就是当金属液充满型腔后尚未凝固前，单位面积所受到的压力。增压比压是指压射液压缸增压后冲头作用在金属液上的最终压力。由于金属液充满型腔后冷却极快，尤其是内浇口部位冷却更快，仅有 0.80～2.5s，因此要求增压建压时间必须在 0.03～0.04s 内完成。这是压铸机压射系统性能的主要指标之一。在铝合金生产中，压射比压一般在 30MPa 左右，由于压射比压较低，它仅能推动金属液通过内浇口基本充满型腔，形成铸件的基本轮廓。而增压比压却要比压射比压高得多，因此在充满型腔后的同时，紧接着加上高的比压，会使铸件的外观轮廓更为清晰，金属的内部组织更为细密，使铸件的质量有显著提高。但是这些效果也只有在铸件具有一定壁厚以及在金属充填中没有空气卷入才能实现。因为高比压并不能消除缩孔或气孔，气孔在高比压下只能减少体积，而不能排除。所以，盲目地无原则地采用高比压生产，只会使铸件的飞边增加，型（模）具使用寿命降低，而得不到应有的效果。

E　压射速度的控制及作用

压射速度是指冲头在单位时间内运动的距离，在一般压铸机上的压射系统中设有二级速度，即慢速压射速度和快速压射速度。也有少数压铸机上设有三级速度，即：慢速、较快和快速。每级压射速度都起到不同的作用和效果，应按铸件的需要调定。

a　慢压射速度

慢压射速度是冲头自开始运动起，将压射室中的金属液推向前进，使金属液在压射室中的液面升高注满，直至将金属液送到内浇口之前的前进速度。慢压射速度选择的原则是：

（1）使金属液在倒入压射室内到金属液注入内浇口时热量损失为最少。

（2）在冲头向前推进中，使金属液不产生翻滚、涌浪现象，卷入气体为最少。

（3）防止金属液从浇口中溅出。

b　快压射速度

快压射速度是在冲头推送金属液将其送入浇口之前的瞬间直至充满型腔为止时的速度。这一速度的选择原则是：

（1）金属液在充满型腔前必须具有良好的流动性。

（2）保持金属液能快速有序充满型腔，并把型腔中的气体排出到型腔外。

（3）不形成高速的金属流冲刷型腔或型芯，避免粘型（模）现象的发生。这一阶段的速度可按合金种类和铸件结构，在 $2.5 \sim 5\text{m/s}$ 间选择，只有极个别的铸件，需超过 5m/s 的压射速度。压射速度高，铸件外形轮廓的清晰度好，表面质量高。过高的压射速度会使铸件的内部存在气孔、表面层气泡增多，飞边增大，甚至产生型（模）具冲蚀现象；压射速度太低，铸件会出现欠铸或轮廓不清等缺陷。因此压射速度的选择应按铸件所用的合金、结构而有所区别：在一般情况下，均应从低限向高限逐步调整，在不影响铸件质量的前提下，以较低的充填速度为宜。二级速度的高或低，二级速度的起始点的调定，对铸件质量都是极为重要的。

c　三级速度

设有三级速度的机器较少，其目的在于缓解用二级速度充填中的矛盾，在整个压射过程中，其允许的时间极短，特别是充填速度、充填时间都是有限定的，可调节的范围极小。只有在大型压铸机上，其压射行程较长时，三级压射才可显示它的优越性。

F　蓄能器压力的控制

蓄能器是压铸机储存能量的容器。在正常情况下，蓄能器内氮气压力约占 $75\% \sim 80\%$，液压油压力约占 $20\% \sim 25\%$。它为机器的各液压缸输送高压工作液，所以，蓄能器是机器工作时提供能量的地方。但是它的能量储存有限，只有在氮气压力和液压油压力的比例在规定范围内时才能提供所需的工作能量。在正常情况下，每压射一次，蓄能器压力下降值不得超过工作压力的 10%；若大于 10% 时，则为不正常。造成不正常的原因有：

（1）氮气压力低于规定范围，需要充入氮气到规定值。

（2）蓄能器所供给的液压缸有泄漏，蓄能器内放出的高压油容量超过规定容量，须检查泄漏原因。

应该注意的是：氮气的充入如果超过规定压力时，蓄能器内的氮气所占的容积太多，工作液的容量不够一次压射所需的容量能，储能器的液压油将会全部泄出，这时蓄能器内的能量已全部耗尽而失去作用。

G　型（模）具的清理

在压铸生产过程中，型（模）具的分型面上、镶块的接缝间、活动部位的配合面上可能产生飞边，它们会影响铸件精度或造成型（模）具事故，甚至人身事故，所以必须做到每模清理干净。飞边产生原因如下：

（1）产生在整个型（模）具分型面上的飞边。这是型（模）具分型面不够平整，使型（模）具的分型面没能完全闭合；压铸机锁型力不够，型（模）具安装时分型面不平行、平面不平整，型（模）具刚性不足，型（模）具变形等引起。分型面上的飞边不但影响铸件尺寸，还影响操作环境与安全，必须及时修整。

（2）固定镶嵌的型芯、活动配合面间的飞边。主要是型（模）具的精度不好，间隙太大或磨损等原因而形成飞边。这些飞边如不及时处理，留在接缝间，就会在重复生产铸件的相应部位上形成"缺肉"的缺陷；若留在滑动部位的槽隙内，会卡住、咬伤配合面，甚至使滑动部位卡住，必须及时清理。

（3）溢流槽和排气槽上的飞边。溢流槽的起模料度小，加工粗糙，而且未设推杆等，会使它留在溢流槽内，排气槽表面加工粗糙也会粘附飞边。这些飞边残屑如不清理干净，会影响型（模）具的排气作用，铸件上会产生花纹、冷隔、气孔、气泡等缺陷。

（4）脱型（模）剂和润滑剂的残渣、污垢。脱型（模）剂和润滑剂的残渣、污垢堆积在型腔或排气槽上，会使型腔形状失真或精度失准，在铸件上表现为轮廓不清和尺寸超差；如果留在排气槽中，就会明显降低排气作用，影响铸件外观或产生缺陷。

（5）飞边造成型（模）具表面"凹陷"。型（模）具上的飞边如不每一模及时清理干净，当再次合型时，就可能在飞边残留部位留下印痕或凹陷。这些飞边如果在型腔边上离型腔很近时就塌落，使该部位的起模斜度减少，甚至形成倒斜度而使铸件拉毛。如果飞边残留在滑动配合处的分型面上，就会破坏其配合间隙，而使活动部位失常。

除了上述的由于型（模）具制造、操作不当原因而导致产生飞边外，恰当选择压铸工艺参数也是极其重要的，如压射速度、比压、合金液温度、型（模）具温度等等对飞边的产生也有很大的影响。这些工艺参数选用过高，均会造成飞边加剧产生。

一般在分型面上的飞边可用喷枪喷出压缩空气来除净，但钻进缝隙的飞边必须用工具铲除，有的飞边已经和型（模）具表面粘合，更要仔细地铲除。但在铲除飞边时，应保持该型腔表面的平整和光洁度，如果不做到这一点，那么飞边就会增厚或加大，形成恶性循环。清理型（模）具必须以不伤害型面为前提，这对用气枪吹飞边也好，或用工具铲除都是一样的。切忌用淬硬的铲子去铲，这样极易损坏型（模）具。

H 离型（脱模）剂、润滑剂的喷涂

使用离型（脱模）剂的目的在于在型腔、型芯表面形成一层极薄的非金属膜而有利于铸件离型（脱模），而这些薄膜的形成是有一定条件的，即型具的表面须有适当的温度，而且离型（脱模）剂必须是细雾状的，如果离型（脱模）剂是液滴或是水珠，那么它们接触型（模）具表面后就会形成高压气泡而反弹，不能黏附在型面上。离型（脱模）剂的使用量尽可能少而且要喷涂均匀，达到铸件能顺利脱模即可。把离型（脱模）剂用量太多时，会造成铸件产生疏松、夹渣、花斑、气泡、气孔等缺陷。

润滑剂是用于润滑机构的零件（如活动型芯、嵌块、推杆、复位杆、导柱、滑块等）的表面，以减少他们与相对件的机械摩擦。它不像离型（脱模）剂那样每次生产都要涂，用量太多也会影响铸件的质量。防黏结剂（顶针油）只能用于推杆以及容易产生粘模（型）的部位，它的用量必须严格控制，用量过多会在铸件上留下明显的花斑或疏松而造成次品，其用量必须控制到最少为宜。

冲头润滑剂的使用对冲头的寿命、铸件的质量至关重要，使用冲头润滑剂的目的在于减少冲头和压射室的机械摩擦，因为冲头和压射室是压铸生产中热量最集中，条件最恶劣，而且直接影响压射效能的关键部位，它既不能稍有阻塞，也不能润滑过量。过量的或不恰当的润滑剂会污染合金，产生大量的气体而导致铸件产生缺陷。因此，只要在冲头送出料饼时适当地给以喷涂，在冲头返回后，对压射室给予清理，并在冲头上给予均匀涂上冲头润滑剂。一般压射室中是不需要有润滑，更不允许有过多的润滑剂，所以操作者应经常注意冲头润滑装置的工作状态，调整滴油的次数和时间。

I 型（模）具的预热

预热型（模）具的目的是防止型（模）具受热冲击造成的开裂，减少由于型（模）具温度过低而使铸件激冷而包型力增大，导致推杆、型芯的损坏。在生产铝合金铸件时，其型芯、型腔的表面预热温度一般为 150～210℃。

预热时，要尽量使型（模）具各部分慢慢地均匀升温。细长凸出部分、棱角部分很容易过热。预热前将对型（模）具清理干净，在型芯、推杆上不能涂润滑油，因为这些油脂在过热时，不但会结垢，还会对型（模）具表面起腐蚀作用。型（模）具预热是压铸生产前的最后准备工作，因此只有确认在已做好所有其他准备工作后，才能预热型（模）具。预热后要检查各活动部位的情况，注意活动型芯、推杆、滑块等不得有卡模现象。

J　型（模）具温度、压铸周期和冷却水量控制

型（模）具温度、压铸周期和冷却水量有直接关系。一般来说，周期时间长，型温低；周期时间短，型温高。冷却水量大，型温低；水量小，型温高。模温太低，容易产生欠铸、缺肉、冷隔、花纹、收缩、裂缝等缺陷；而模温太高，冷凝速度就慢，易产生缩孔、气孔、针孔、热积、热裂纹和粘模等现象。铝合金型（模）具温度的控制范围为210~300℃。这里所指的型（模）具工作温度，也就是清理，喷涂离型（脱模）剂后，合型（模）前的型（模）具温度。而温度测量点应选择在有代表性的固定的一点上。因为在开型（模）取件后，型（模）具温度就开始下降，测温时间不同，所测得的温度也不一样。虽然型（模）具设计时，为了使其温度分布均匀，设有冷却通道和溢流槽，但整体来说，总是有温差不平衡现象，所测量点选择不一致，所测得的温度也会不一样。型（模）具温度是影响铸件质量的工艺参数之一，要控制型（模）具温度，首先要稳定压铸周期时间，其次是在所生产铸件的表面质量上判别型（模）具的温度场分布，然后调节冷却水道的通水量，使之符合生产优质铸件的条件。此外，在中断作业时，不要忘记关掉冷却水。

K　冲头与压射室

压铸机的冲头与压射室的中心线同轴度误差必须在规定值之内。如果超差，压射时阻力增大，难以得到应有的冲头速度和压射压力，铸件的质量当然会下降；同时还会发生冲头和压射室卡住、配合面磨损，缩短冲头或压射室的寿命。在安装和使用中应注意以下几点：

（1）冲头和压射室在不预热时，两者的间隙一般为0.12~0.17mm。如不预热，生产时会产生卡住或飞溅伤人事故，所以生产前一定要在合型（模）状态下，往压射室中倒入适量的合金熔液，在压射室内停留一定时间，等到凝固后才能开型（模）取出。这样反复2~3次，其间隙会缩小到正常值，然后才能转入正常运转。

（2）冲头内部在生产中必须用水进行冷却。一般情况下，在压射前的瞬间，其表面温度在80℃以下，过热会产生卡住现象。冷却水应是从冲头连接杆中间的铜管孔中流入，从管的外壁流出，这祥才能达到充分冷却的效果。如果流道反向，冷却效果就差，冲头温度就会升高，冲头与压射室的间隙就会变小，致使冲头加快磨损，甚至出现卡住现象。因此，在装冷却水管时，必须认准进出水的方向。

（3）冲头的润滑来自冲头润滑装置，其润滑量必须小心控制。一般每压射一次，其润滑量只需2~4滴。过多的润滑油会造成合金液中含气增加，影响铸件的质量。

L　浇口套

浇口套在型（模）具上虽然不是一个成形的零件，却是一个影响压铸生产能否正常进行、决定压铸生产质量的关键零件。如果浇口套的尺寸精度、装配以及在型（模）具安装中出现误差，将会使冲头的压射速度和压力受损失，也会使冲头的使用寿命下降。在一般情况下，由于型（模）具安装中不可能使浇口套与压射室完全同轴，因此浇口套的内径应大于0.04~0.06mm，以弥补两者的孔位的错位面造成冲头的阻塞。在使用和安装中应注

意以下几点：

（1）在安装型（模）具前，应检查浇口套内孔的尺寸和表面粗糙度，孔口（包括肩台孔口）应无破碰和磨损。

（2）安装型（模）具中，检查压射室的尺寸和表面粗糙度。安装后，用冲头从分型面处放入孔内，试探在与压射室的交接处是否有阻塞感觉。

（3）每一次生产时，必须对浇口套内孔进行清理吹气，如发现生产中飞边太大或冲头回程时有卡住现象，应查明原因及时处理。

3.3.3　主要工艺参数的设定技能

压铸生产中机器工艺参数的设定和调节直接影响产品的质量。一个参数有可能造成产品的多个缺陷，而同一产品的同一缺陷有可能与多个参数有关，在试压铸生产中，要仔细分析工艺参数的变化对铸件成型的影响。下面以力劲集团生产的 DCC160 卧式冷室压铸机为例，说明压铸生产中主要工艺参数的设定技能。

DCC160 卧式冷室压铸机设定的内容及方法如下：

（1）射料时间。射料时间与铸件壁厚成正比，对于铸件质量较大、压射速度较慢及所需时间较长时，射料时间可适当加大，一般在 2s 以上。射料二速冲头运动的时间等于填充时间。

（2）开型（模）时间。开型（模）时间一般在 2s 以上。压铸件较厚的比较薄的开型（模）时间要长，结构复杂的型（模）具比结构简单的型（模）具开型（模）时间要长。调节开始时，时间可以略为长一点，然后再缩短。注意机器工作程序为先开型（模）后再开安全门，以防止未完全冷却的铸件喷溅伤人。

（3）顶出延时时间。在保证产品充分凝固成型且不粘模的前提下，尽量减短顶出延时时间，一般在 0.5s 以上。

（4）顶回延时时间。在保证能顺利地取出铸件的前提下，尽量缩短顶回延时时间，一般在 0.5s 以上。

（5）储能时间。一般在 2s 左右。在设定时操作机器做自动循环运动，观察储能时间结束时压力是否能达到设定值，在能达到设定压力值的前提下尽量减短储能时间。

（6）顶针次数。根据型（模）具要求来设定顶针次数。

（7）压力参数设定。在保证机器能正常工作，铸件产品质量能合乎要求的前提下，尽量降低工作压力。选择、设定压射比压时应考虑如下因素：

1）压铸件结构特性决定压力参数的设定

①壁厚：薄壁件，压射比压可选高些；厚壁件，增压比压可选高些。

②铸件几何形状复杂程度：形状复杂件，压射比压选择高一些。

③工艺合理性：工艺合理性好，比压低些。

2）压铸合金的特性决定压力参数的设定

①结晶温度范围：结晶温度范围大，选择高比压；结晶温度范围小，比压应低些。

②流动性：流动性好，选择较低压射比压；流动性差，压射比压应高些。

③密度：密度高，压射比压、增压比压均应高；密度低，压射比压、增压比压均选低些。

④ 比强度：要求比强度大，增压比压高些。

3）排溢系统决定压力参数的设置

① 排气道分布：排气道分布合理，压射比压、增压比压均选高些。

② 排气道截面积：排气道截面积足够大，压射比压选高些。

4）内浇口速度：要求速度高，压射比压选高些。

5）合金与压铸型（模）温差大，压射比压高些；温差小，压射比压低些。

（8）压射速度的设定。压射速度分为投压射速度（又称射料一速）、快压射速度（又称射料二速）、增压运动速度。

慢压射速度通常在0.1~0.8m/s范围内选择，运动速度逐渐增大；快压射速度与内浇口速度成正比，一般从低向高调节，在不影响铸件质量的情况下，以较低的快压射速度即内浇口速度为宜。

增加运动所占时间极短，它的目的是压实金属，使铸件组织致密。增加运动速度在调解时，一般观察射料压力表的压力示值在增压运动中呈一斜线均匀上升，压铸产品无疏松现象即可。

（9）一速、二速转换感应开关的位置调节原则

1）一速、二速运动转换应该在压射冲头通过压室浇注口后进行。

2）对于薄壁小铸件，一般一速较短，二速较长。

3）对于厚壁大铸件，一般一速较长，二速较短。

4）根据铸件质量缺陷（如飞边、欠铸、气泡等）调节转换点。

（10）金属液温度的调节。合金液温度可从机器电气箱面板上显示和设定。各种合金液其浇注温度不尽相同；同一压铸合金，不同结构的产品，其厚壁铸件比薄壁铸件浇注温度要低。

（11）浇注量的选择。所选择的每次浇注量应使所生产出来的产品余料厚度在15~25mm范围为宜，并要求每次合金液的舀取量要稳定。

（12）模温的控制。模温是指压铸型（模）合型（模）时的温度，对于不同的合金液，其模温设定不同，一般以合金凝固温度的1/2为限。在压铸生产中最重要的是型（模）具工作温度的稳定和平衡，它是影响压铸件质量和压铸效率的重要因素之一。

机器液压系统各个动作的工艺参数，如压力、速度、行程、起点与终点，各个动作的时间和整个工作循环的总时间都有一定的技术参数，要求调试人员一定要熟悉机器技术性能，根据液压系统图认真分析所有元件的结构、作用、性能和调试范围，搞清楚液压元件在设备上的实际位置，并了解机械、电气、液压的相互关系。

3.3.4　压铸件缺陷的分析与防止

3.3.4.1　流痕和花纹

外观检查：铸件表面上有与金属液流动方向一致的条纹，有明显可见的与金属基体颜色不一样无方向性的纹路，无发展趋势，如图3-46所示。

A　流痕产生的原因

流痕产生的原因有如下几点，查明原因后应及时纠正。

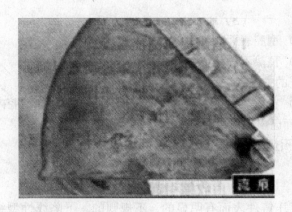

图 3-46　流痕

（1）模温过低。

（2）浇道设计不良，内浇口位置不良。

（3）料温过低。

（4）填充速度低，填充时间短。

（5）浇注系统不合理。

（6）排气不良。

（7）喷雾不合理。

B　花纹产生的原因

花纹产生的原因是型腔内涂料喷涂过多或涂料质量较差，解决和防止的方法如下：

（1）调整内浇道截面积或位置。

（2）提高模温。

（3）调整内浇道速度及压力。

（4）适当的选用涂料及调整用量。

3.3.4.2　网状毛翅（龟裂纹）

（1）外观检查。压铸件表面上有网状发丝一样凸起或凹陷的痕迹，随压铸次数增加而不断扩大和延伸，如图 3-47 所示。

图 3-47　网状毛翅

（2）产生原因

1）压铸型（模）型腔表面有裂纹。

2）压铸型（模）预热不均匀。

（3）解决和防止的方法

1）压铸型（模）在压铸一定次数后，应作退火处理，消除型腔内应力。

2）如果型腔表面已出现龟裂纹，应打磨成形表面，去掉裂纹层。

3）型（模）具预热要均匀。

3.3.4.3　冷隔

（1）外观检查。压铸件表面有明显的、不规则的、下陷线性型纹路（有穿透与不穿透两种）形状细小而狭长，有时交接边缘光滑，在外力作用下有断开的可能，如图 3-48 所示。

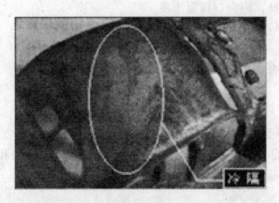

图 3-48　冷隔

（2）产生原因

1）两股金属流相互对接，未完全熔合而又无夹杂存在其间，两股金属结合力又很薄弱。

2）浇注温度或压铸型（模）温度偏低。

3）浇道位置不对或流路过长。

4）填充速度低。

（3）解决和防止的方法

1）适当提高浇注温度。

2）提高压射比压缩短填充时间，提高压射速度。

3）改善排气、填充条件。

3.3.4.4　缩陷（凹痕）

（1）外观检查。在压铸件厚大部分的表面上有平滑的凹痕（状如盘碟）。

（2）产生原因

1）由收缩引起

①压铸件设计不当壁厚差太大。

②浇道位置不当。

③压射比压低，保压时间短。

④压铸型（模）局部温度过高。

2）冷却系统设计不合理。

3）开型（模）过早。

4）浇注温度过高。

（3）解决和防止的方法

1）壁厚应均匀。

2）厚薄过渡要缓和。

3）正确选择合金液导入位置及增加内浇道截面积。

4）增加压射压力，延长保压时间。

5）适当降低浇注温度及压铸型（模）温度。

6）对局部高温要局部冷却。

7）改善排溢条件。

3.3.4.5 印痕

（1）外观检查。印痕是铸件表面与压铸型（模）型腔表面接触留下的痕迹或铸件表面上出现阶梯痕迹，如图 3-49 所示。

图 3-49 印痕

（2）产生原因

1）由顶出元件引起。

①顶杆端面被磨损。

②顶杆调整长短不一致。

③压铸型（模）型腔拼接部分和其他部分配合不好。

2）由拼接或活动部分引起。

①镶拼部分松动。

②活动部分松动或磨损。

③铸件的侧壁表面，由动、定模互相穿插的镶件所形成。

（3）解决和防止的方法

1）顶杆长短要调整到适当位置。

2）紧固比块或其他活动部分。

3）设计时消除尖角，配合间隙调整适合。

4）改善铸件结构使压铸型（模）消除穿插的镶嵌形式，改进压铸型（模）结构。

3.3.4.6　黏附物痕迹

（1）外观检查。小片状金属或非金属与金属的基体部分熔接，在外力的作用下剥落小片状物，剥落后的铸件表面有的发亮，有的为暗灰色。

（2）产生的原因

1）在压铸型（模）型腔表面有金属或非金属残留。

2）浇注时先带进杂质附在型腔表面上。

（3）解决和防止的方法

1）在压铸前，对型腔压室及浇注系统要清理干净，去除金属或非金属黏附物。

2）对浇注的合金也要清理干净。

3）选择合适的涂料，涂层要均匀。

3.3.4.7　分层（夹皮及剥落）

（1）外观检查或破坏检查：在铸件局部有金属的明显层次。

（2）产生的原因

1）型（模）具刚性不够。在金属液填充过程中，模板产生抖动。

2）在压射过程中，冲头出现爬行现象。

3）浇道系统设计不当。

（3）解决和防止的方法

1）提高型（模）具刚度，紧固型（模）具部件，使之稳定。

2）调整压射冲头与压室的配合参数，消除爬行现象。

3）合理设计内浇道。

3.3.4.8　摩擦烧蚀

（1）外观检查。压铸件表面在某些位置上产生粗糙面。

（2）产生的原因

1）由压铸型（模）引起的内浇道的位置方向和形状不当。

2）由铸造条件引起的内浇道处金属液冲刷剧烈部位的冷却不够。

（3）解决和防止的方法

1）改善内浇道的位置和方向的不妥之处。

2）改善冷却条件，特别是改善金属液冲刷剧烈的部位的冷却条件。

3）对烧蚀部分增加涂料。

4）调整合金液的流速，使其不产生气穴。

5）消除型（模）具上的合金黏附物。

3.3.4.9 冲蚀

（1）外观检查。压铸件局部位置有麻点或凸纹。

（2）产生的原因

1）内浇道位置设置不当。

2）冷却条件不好。

（3）解决和防止的方法

1）内浇道的厚度要恰当。

2）修改内浇道的位置、方向和设置方法。

3）对被冲蚀部位要加强冷却。

3.3.4.10 裂纹

（1）外观检查。将铸件放在碱性溶液中，裂纹处呈暗灰色（见图 3-50）。金属基体的破坏与裂开呈直线或波浪线形，纹路狭小而长，在外力作用下有发展趋势。

图 3-50　铝合金铸件裂纹

（2）产生的原因

1）合金中铁含量过高或硅含量过低；合金中有害杂质的含量过高，降低了合金的可塑性；铝硅合金、铝硅铜合金含锌或含铜量过高；铝镁合金中含镁量过多。

2）留模时间过短，保压时间短；铸件壁厚有剧烈变化之处。

3）局部包紧力过大，顶出时受力不均。

（3）解决和防止的方法

1）正确控制合金成分，在某些情况下，可在合金中加纯铝锭以降低合金中含镁量；或在合金中加铝硅中间合金以提高硅含量。

2）提高型（模）具温度；改善铸件结构，调整抽芯机构或使推杆受力均匀。

3）加大起模斜度，局部使用强力离型（脱模）剂。

4）增加留模时间、增加保压时间。

3.3.4.11 欠铸及轮廓不清晰

（1）外观检查。金属液充满型腔，铸件表面有不规则的孔洞、凹陷或棱角不齐，表面形状呈自然液流或液面相似，如图 3-51 所示。

图 3-51　欠铸

（2）产生的原因

1）内浇道宽度不够或压铸型（模）排气不良。

2）合金流动性差。

3）浇注温度低或压铸型（模）温度低，压射速度低。

4）压射比压不足。

5）压铸型（模）腔边角尺寸不合理、不易填充。

6）喷雾不合理。

（3）解决和防止的方法

1）改进内浇道，改进排气条件，适当提高压铸型（模）温度和浇注温度。

2）提高压射比压和压射速度。

3）注意喷雾的位置。

3.3.4.12　变形

（1）外观检查或测量和划线。铸件翘（弯）曲、超出图样尺寸公差要求。

（2）产生的原因

1）铸件结构不合理，各部收缩不均匀。

2）留模时间太短。

3）顶出过程铸件偏斜。

4）铸件刚性不够。

5）堆放不合理或去除浇道方法不当。

（3）解决和防止的方法

1）改进铸件结构，使壁厚均匀。

2）不要堆叠存放，特别是大且面薄的铸件。

3）时效或退火时不要堆叠入炉。

4）必要时可以进行整形。

3.3.4.13　飞翅

（1）外观检查。铸件分型面处或活动部分突出过多的金属薄片，如图 3-52 所示。

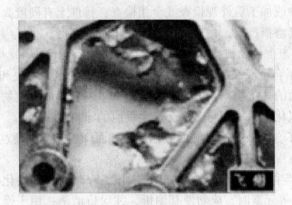

图 3-52　飞翅

（2）产生的原因

1）压射前机器的调试、操作不合适。

2）压铸型（模）及滑块损坏，闭锁元件失效。

3）镶块及滑块磨损。

4）压铸型（模）强度不够造成变形。

5）分型面上杂物未清理干净。

6）锁型（模）力小。

（3）解决和防止的方法

1）检查合型（模）力及增压情况。

2）调整增压机构，使压射增压峰值降低。

3）检查压铸型（模）强度和闭锁元件。

4）检查压铸型（模）损坏情况并修理。

5）清理分型面，防止有杂物。

6）增大锁型（模）力。

3.3.4.14　夹渣（渣孔）

（1）外观检查或探伤及金相检查。铸件上有不规则的明或暗孔，孔内常被熔液充塞。金相检查时，在低倍显微镜下呈暗黑色；在高倍显微镜下，亮而无色。

（2）产生的原因

1）金属中有夹渣或型腔中有非金属残留物，在压射前未被清除。

2）金属液表面上的熔渣未清除。

3）将熔渣及金属液同时浇注到压室。

（3）解决和防止的方法

1）仔细去除金属表面的熔渣。

2) 严格遵守金属熔炼舀取工艺规程。

3.3.4.15　硬点

机械加工过程中或加工后外观检查或金相检查：铸件上有硬度高于金属基体的细小质点或块状物，使刀具磨损严重，加工后常常显示出不同亮度。

A　非金属硬点产生的原因及解决和防止的方法

（1）对于混入了合金液表面的氧化物而产生非金属硬点，解决和防止的方法为：铸造时不要把合金液表面的氧化物舀入勺内；清除铸铁坩埚表面的气化物后，再涂上涂料；消除勺子等工具上的氧化物；使用与铝不会产生反应的涂料。

（2）由于混入了合金液与涂料的反应生成物，而产生非金属硬点。应该用与铝合金不发生反应的涂料。

（3）金属液中产生了复合化合物，如 Al、Mn、Fe、Si 组成的化合物。应注意：在铝合金中含有 Mn、Fe 等元素时，应勿使其偏析，并保持清洁；用干燥的去气剂除气。但铝合金含镁时要注意补偿。

（4）金属液中铝硅合金含 Si 高；铝合金在半液态下浇注；硅游离存在，或者铝硅合金 Si 的含量高于 11.6% 且 Cu、Fe 含量亦高。解决和防止的方法为：铝合金含 Cu、Fe 多时，应使含 Si 量降到 10.5% 以下；适当提高浇注温度，以避免使 Si 析出。

（5）由于金属锭不纯或黏附了油污，熔炼工具不干净而夹带异物，而产生非金属硬点。应注意检查金属锭的纯度，加强原料、回收料的清理，不得粘上油、砂、尘土等异物；注意清理干净坩埚，清理熔炼工具上面的铁锈及氧化物。

B　金属硬点产生的原因及解决和防止的方法

（1）混入了未溶解的硅元素原料而产生金属性硬点。解决和防止的方法为：

1) 熔炼铝硅合金时，不要使用硅元素粉末。

2) 调整合金成分时，不要直接加入硅元素，必须采取中间合金。

3) 熔炼温度要高，时间要长，使硅充分溶解。

（2）混合了促进初生硅结晶生长的原料而产生金属性硬点，生产中应注意：缩小铸造温度波动范围，使之经常保持熔融状态；加冷料时，要防止合金锭块使合金凝固；尽量减少促进粗晶硅易于生长的成分。

（3）混入了生成金属间化合物结晶物质而产生金属性硬点，生产中应注意：

1) 减少温度波动范围，不使合金液的温度过高或过低。

2) 控制合金成分杂质含量的同时，注意勿再增加杂质。

3) 对能产生金属间化合物的材料要在高温下熔炼，为防止杂质增加，应一点一点地少量加入。

C　偏析性硬点的产生原因和解决防止的方法

偏析性硬点产生的原因是急冷，使容易偏析的成分析出成为硬点。在压射时应注意：合金液浇入压室后，应立即压射填充；尽可能用不含有 Ca、Mg、Na 等易引起激冷效应的合金成分。Ca 的含量应控制在 0.05% 以下。

3.3.4.16　脆性

（1）外观检查或金相检查。合金晶粒较粗大或极小，使铸件易断裂或碰碎。
（2）产生的原因
1）合金过热太大或保温时间过长。
2）剧烈过冷，结晶过细。
3）铝合金含有锌铁等杂质太多。
4）铝合金中含铜超出规定范围。
（3）解决和防止的方法
1）合金不宜过热。
2）提高型（模）温度，降低浇注温度。
3）严格控制合金成分在允许的范围内。

3.3.4.17　渗漏

通过试压试验，压铸件漏水或渗水。
（1）产生的原因
1）压力不足。
2）浇注系统设计不合理或铸件结构不合理。
3）合金成分选择不当。
4）排气不良。
（2）解决和防止的方法
1）提高压射比压。
2）尽量避免后加工。
3）改进浇注系统和排气系统。
4）选用合适的合金。

3.3.4.18　气孔

（1）解剖后外观检查或探伤检查。气孔具有光滑的表面，形状呈圆形或椭圆形。
（2）产生的原因
1）一速距离过短，一速过快，在料液内卷气。
2）横浇道设计不合理。
3）内浇口位置不合理。
4）分型面选择不当。
5）排气不良。
6）料液含气量高。
7）料液杂质含量高。
8）喷射量和位置不当。
9）模温过高。
10）冷却系统设计不合理。

（3）解决和防止的方法

1）使用干燥而干净的添加剂，不使合金过热并很好地排气，改善金属导入方向。

2）降低压射速度。

3）在保证填充良好的情况下，尽可能增大内浇道截面积。

4）排气槽部位要设置合理并有足够的排气能力。

3.3.4.19　气泡

（1）解剖后外观检查或探伤检查。铸件接近表面有气体集聚，有时看到铸件表面鼓泡。

（2）产生的原因

1）由卷入气体引起。型腔气体没有排出，被包在铸件中；涂料产生的气体卷入铸件中。

2）由合金气体引起。合金内吸有较多气体，凝固时析出留在铸件内。

（3）解决和防止的方法

1）改善内浇道、溢流槽排气道的大小和位置；改善填充时间和内浇道处的流速；提高压射压力；在气孔发生处设型芯；尽量少用涂料。

2）清除合金液中的气体和氧化物；要管理好炉料，避免被尘土油类污染。

3.3.4.20　缩孔缩松

（1）解剖后外观检查或探伤检查。缩孔表面呈暗色并不光滑，形状不规则的孔洞，大而集中的为缩孔，小而分散的为缩松。

（2）产生的原因

1）缩孔是压铸件在冷凝过程中，内部补偿不足而造成的孔穴，由于浇注温度过高、压射比压低，铸件在结构上有金属积聚的部位和截面变化剧烈，内浇道较小而产生。

2）型（模）具温度过高。

3）保压时间短。

（3）解决和防止的方法

1）改变铸件结构，消除金属积聚及截面变化大的部位。

2）在可能条件下降低浇注温度。

3）提高压射比压。

4）适当改善浇注系统，使压力更好地传递。

5）降低模温。

6）提高保压时间。

3.3.4.21　粘模拉伤

（1）外观检查。压铸合金与型壁粘连而产生拉伤痕迹，在严重的部位会被撕破。

（2）产生的原因

1）合金浇注温度高。

2）型（模）具温度太高。

3）涂料使用不足或不正确。

4）型（模）具某些部位表面粗糙；起模斜度制作过小或倒拔。

5）浇道系统不正确，使合金正面冲击型壁或型芯。

6）型（模）具材料使用不当或热处理工艺不正确，硬度不足。

7）铝合金含铁量太低（质量分数小于 0.6%），ZCuZn40Pb2 含锌低或有偏析。

8）填充速度太高。

（3）解决和防止的方法

1）降低浇注温度。

2）型（模）具温度控制在工艺范围内。

3）消除型腔粗糙的表面。

4）检查涂料品种或用量是否适当。

5）检查型（模）具材料及热处理和硬度是否合理。

6）适当降低填充速度。

思考与练习

3-1　压力铸造的定义以及压铸产品的应用范围。

3-2　简述压铸机的分类以及工作原理。

3-3　卧式冷室压铸机主要由哪些部分构成？

3-4　压模具有哪些基本结构？

3-5　在压铸模具上开设溢流槽的作用是什么，一般溢流槽应开设在模具的哪些部位更合理？

3-6　简述模具的安装操作规程。

3-7　简述电阻坩埚炉熔炼铝合金的熔炼工艺以及操作流程？

3-8　简述压铸的主要工艺参数以及各参数的含义？

3-9　简述压铸用涂料的作用以及对涂料的要求。

3-10　简述压铸件的缺陷种类以及防止方法。

学习情境 4 铝合金挤压生产

改革开放至今30年，我国的铝型材产业一直蓬勃发展。产品结构一直以建筑用材为主。随着中国工业水平和规模的不断提高，工业用材产量也逐年攀升。在汽车制造、轨道交通、电力、机械装备制造业、家电等行业，对铝型材的需求增长迅猛，钢代替铁、铝代替钢，已成为发展趋势。

任务 4.1 变形铝合金的熔铸

【任务描述】

学生根据型材材质，确定变形铝合金的化学成分，进行配料计算；用平炉熔炼，采用连续铸造，用熔炼好的合金液生产出适合挤压生产的变形铝合金铝棒材，在此过程中学习相关知识与实际操作技能。

【学习目标】

(1) 掌握变形铝合金的基本知识，能够进行配料计算；

(2) 掌握熔炼平炉的操作规程，能够用平炉熔炼变形铝合金；

(3) 掌握铝合金的棒材铸造生产过程。

4.1.1 变形铝合金

变形铝合金是以铝为基体，添加合金化元素经塑性变形获得某些特性的铝合金。所采用的主要合金化元素有铜、镁、锰、锌、硅、锂、镍等，形成各种强化相，使合金强化。还有微量添加剂如锰（不作合金化元素时）、钛、铬、锆、钒等，可细化合金组织，改善合金性能。通过轧制、挤压、拉伸、锻造等塑性变形加工，可改善组织、提高性能，制成板、带、箔、管、型、棒、线和锻件等各种铝材。通常，变形铝合金除具有铝的一般特性外，还具有较高的强度，可作为结构材料使用。

4.1.1.1 变形铝合金的分类

(1) 按合金状态图及热处理特点，变形铝合金分为可热处理强化铝合金和不可热处理强化铝合金两大类。

(2) 按合金性能和用途，变形铝合金可分为：工业纯铝、光辉铝合金、耐热铝合金、低强度铝合金、中强度铝合金、高强度铝合金（硬铝）、超高强度铝合金（超硬铝）、锻造铝合金及特殊铝合金等。

(3) 按合金中所含主要元素成分，变形铝合金可分为：工业纯铝（1×××系），Al-Cu 合金（2×××系），Al-Mn 合金（3×××系），Al-Si 合金（4×××系），Al-Mg 合金

（5×××系），Al-Mg-Si 合金（6×××系），Al-Zn-Mg 合金（7×××系），Al-其他元素合金（8×××系）及备用合金组（9×××系）。

4.1.1.2 变形铝合金的表示方法

根据 GB/T16474—1996《变形铝及铝合金牌号表示方法》的规定，牌号的第一位数字表示铝及铝合金的组别。除改型铝合金外，铝合金组别按照主要合金元素（6×××系按 Mg_2Si、Zn、其他元素的顺序来确定合金组别）。牌号的第二位字母表示原始纯铝和铝合金的改型情况，A 表示原始纯铝和原始铝合金，如果是 B ~ Y 的其他字母，则表示为原始纯铝或原始铝合金的改型。牌号的最后两位数字用以表示同一组中不同的铝合金或表示铝的纯度。

4.1.2 变形铝合金的熔炼

4.1.2.1 熔炼炉结构和熔铸生产流程

熔炼炉结构如图 4-1 所示。

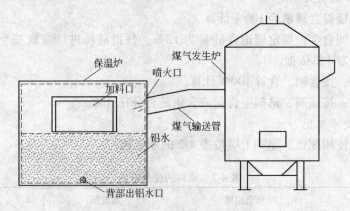

图 4-1 铝合金熔炼炉结构图

熔铸生产流程见图 4-2。

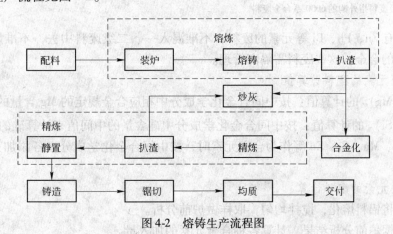

图 4-2 熔铸生产流程图

4.1.2.2　配料

A　配料前准备

(1) 根据铝合金型材生产任务，确定合金牌号和铸棒规格，并制订生产计划。

(2) 根据生产计划单准备材料及相关工具等。

B　原铝锭的使用

不同品位的原铝锭，适合于配制不同牌号的合金，在配制合金时，应建议按表 4-1 的规定选用原铝锭。

表 4-1　不同牌号的铸锭适合配制的合金牌号

序　号	铝锭牌号	适合配制的合金牌号
1	Al99.85	6463，6060，6063
2	Al99.70	6060，6063，6063A，6005，6005A，6082

注：纯度高的铝锭可以代替纯度低的铝锭使用，但反之则不行。

C　配料计算的有关规定

(1) 镁：按镁锭含镁量为 100% 计算。

(2) 铝硅中间合金：规定理论含硅量为 12%，每批硅种进厂应取三个试样化验含硅量，算出平均值为计算依据。

(3) 铜、锌：按含铜、含锌 100% 计算。

(4) 锰、铬：按锰剂、铬剂中含锰或含铬的百分比计算。

D　原料的使用配比

(1) 原料的使用配比，原则上应按表 4-2 的规定执行。

表 4-2　原料的使用配比　　　　　　　　　　（%）

纯铝锭	压余铝屑	一级废料	二级废料
≥30	≤10	≥30	≤30

注：1、一级废料是指本厂各车间返回的 6000 系合金废料。
　　2、二级废料指外购的 6000 系合金废料。

(2) 含有 Zn、Pb、Bi 等元素的废料，不准混入一、二级废料中去，不准用来配制无 Zn、Pb、Bi 的合金。这些废料需隔离管理。

E　合金元素的配料计算值

(1) $w(Mg)_\%$ 的计算值：按中间合金化学成分中相应合金规定的 Mg 含量的高限值。

(2) $w(Si)_\%$ 的计算值：按中间合金化学成分中硅含量的中间值来计算硅的重量。

(3) Cu、Mn、Cr、Zn 等作为合金元素时，按中间合金化学成分中各添加元素含量的中间值计算。

F　合金元素的配料计算

(1) 先将铝料熔化，搅拌均匀，取样做炉前分析。

(2) 根据炉前分析结果，计算各种合金元素的加入量。

1) 总投炉量为 P；

2）炉前分析的结果为：

$w(Mg)_\% = X$；$w(Si)_\% = Y$；$w(Cu)_\% = Z$；$w(Mn)_\% = K$；$w(Cr)_\% = N$；$w(Zn)_\% = R$；

3）硅种中 $w(Si)_\% = M$；锰剂中 $w(Mn)_\% = H$；铬剂中 $w(Cr)_\% = W$；

4）各合金元素的计算值：Q_{Mg}、Q_{Si}、Q_{Cu}、Q_{Mn}、Q_{Cr}、Q_{Zn}，则各加入量为

Mg 锭：　　$P_{Mg} = P \times (Q_{Mg} - X)$（kg）

电解 Cu：　$P_{Cu} = P \times (Q_{Cu} - Z)$（kg）

锌锭：　　　$P_{Zn} = P \times (Q_{Zn} - R)$（kg）

硅种：　　　$P_{Si} = P \times (Q_{Si} - Y)/M$（kg）

锰剂：　　　$P_{Mn} = P \times (Q_{Mn} - K)/H$（kg）

铬剂：　　　$P_{Cr} = P \times (Q_{Cr} - N)/M$（kg）

G　准确称量

所用的铝锭、铝废料、中间合金和纯金属，在加入前一定准确称量，防止化学成分出现偏差。

4.1.2.3　熔炼

A　熔炼前的准备

（1）原材料准备。所有要入炉的原材料，都必须无水分、泥沙、油污，带水的铝屑应烘干。

（2）设备准备

1）检查风机、油枪、油路是否正常，炉出水口是否塞好。

2）装炉前应将炉底、炉壁清理干净，将炉渣扒出炉外。

（3）工具准备。准备好操作用的铁耙子和装炉用的叉车、吊机，并穿戴好劳保用品。

B　装炉

（1）先将烘干的铝屑铺在炉底或放少量碎型材垫底，再投大块铝锭及废料。

（2）装炉应尽量装满炉，所有的大块料都应一次性在开火熔炼之前装入炉内，推至炉内中间或内侧。注意不要堵塞烧火口、烟道口和炉门口。

C　熔炼

（1）点火：将火种引到烧嘴前面，打开回油阀，开启油泵和风机慢慢打开油枪阀，使炉内火焰呈短焰白亮光、无黑烟，将炉门关上保持一定间隙，进入正常熔炼。重油加温 50 ~ 80℃，油压为 0.2MPa。

（2）当表层金属熔化后，应将未熔化的大块铝推到里头高温区加速熔化。

（3）当炉底金属全部熔化后，升温到 730 ~ 750℃ 时停火，加边角料并将其压沉到炉底，让铝液将其覆盖和熔化，直到成糊状时停止加废料，再开火升温到 710℃ ~ 740℃ 进行熔炼。

D　扒渣

（1）停火后将铝液充分搅拌，用耙子推扒炉底、炉壁，此时金属中的渣和附于炉底、炉壁的渣将上浮。

（2）将浮渣耙到炉门口附近，按 1/1500 ~ 1/2500 的比例撒上打渣剂，并轻轻搅动浮

渣，尽量使渣中的铝分离出来，此时浮渣将由团状变成粉末状，将其扒出炉外，存放在锅中。

E　炒灰

在炉中撒入造渣剂，用耙子搓动使铝液与渣基本彻底分离，将表层的渣扒在指定地方，锅内的铝液待冷却后扒出，待下一炉熔炼时再入炉。

F　合金化

(1) 取炉样送化验室进行分析。

(2) 炉样分析结果出来后，立即计算合金元素的加入量并过磅，进行合金化操作。

(3) 在 735 ~ 755℃ 先加硅，充分搅拌；然后加镁锭，用耙子将镁锭压沉，不允许其浮出表面，以防烧损，直至镁完全熔化为止。再充分搅拌，并将铝液升温至 730 ~ 750℃ 进行精炼。

G　精炼

(1) 精炼前的准备。准备好精炼罐及精炼剂、氮气等工具，并检查精炼管是否畅通。

(2) 精炼

1) 按每吨铝 0.5 ~ 2kg 计算精炼剂，用 2 ~ 4 瓶氮气约 $12m^3$，炉前通氮时间控制在 15 ~ 20min，炉后通氮时间控制在 20 ~ 25min。

2) 投放精炼剂，投放时尽可能分布均匀。精炼时 N_2 的压力应能使铝液抛离液面 200mm 左右。

3) 当精炼剂投放完后，应继续通氮气 1min，以彻底清除管道中残留的精炼剂，然后将精炼管撤离铝液，再关闭氮气。

4) 扒渣。

(3) 精炼后的工作

1) 精炼扒渣后，从熔体心部取样进行炉后分析。

2) 当确认成分合格后，按每吨铝液 0.5 ~ 1kg 细化剂均匀分布在熔体中进行静置，此时不得搅动液，静置时间 20 ~ 30min。

3) 若成分不合格，继续调整成分，并充分搅拌取样分析，完成以上工作后进入铸造工作。

4.1.3　连续铸造

4.1.3.1　连续铸造的基本过程

连续铸造是利用贯通的铸锭器（见图4-3）在一端连续地浇入液态金属，从另一端连续地拔出成型材料的铸造方法。结晶器一般用导热性较好、具有一定强度的材料，如铜、铸铁、石墨等制成，壁中空，空隙中间通冷却水以增强其冷却作用。铸出的成型材料有方形、长方形、圆形、平板型、管形或各种异形截面。

4.1.3.2　铸造操作规程

A　铸造前的准备工作

(1) 检查流槽、铸盘的完好。

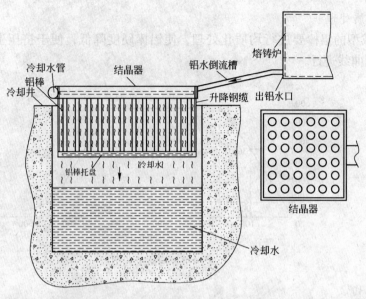

图 4-3　铸锭器结构图

（2）清理结晶器，确保水眼畅通。

（3）检查石墨环并涂上润滑油。

（4）检查引锭头是否在正常位置上，用压缩空气吹净引锭头中的水，并将引锭头引入结晶器中。

（5）打开水阀门，启动水泵。

B　铸造生产操作

（1）打开熔炉出水口，放出铝液，经过滤布后，导入各结晶器中，待铝液达保温帽 80% 时，打开进铸盘水阀，关闭放水阀，将水压调整到 0.2MPa 以上，同时开启铸造机下降，开始铸造。

（2）铸造过程注意控制温度的稳定，液面平稳和金属流动均匀。

（3）铸造温度及速度的调整，见表 4-3。

表 4-3　铸棒直径不同时的铸造温度和铸造速度

棒　　径	铸造温度/℃	铸造速度/mm·min⁻¹
φ102	730~750	140~160
φ127	730~750	120~140
φ178	730~750	90~110

（4）铸造时，随时观察铸棒的表面质量，当不能满足内控标准时，应用塞头堵上该结晶器，中止此次铸造。

（5）铸锭达到规定长度时，先堵塞炉子出水口，让流槽及流盘中铝液流完，铸锭脱离铸盘，关铸机、关水。

（6）返开铸盘，升铸机到 2m 左右，用专用工具吊出铸棒。

（7）清理流槽，放尽过滤池中的铝水，清理结晶器，将损坏及残缺的部分补修好，涂上润滑油，为下一铸次做准备。

C　均质处理

浇注成型的铝棒要进行均质化处理，使铝棒硬度降低，便于挤压生产。均质处理按图 4-4 均质曲线进行。

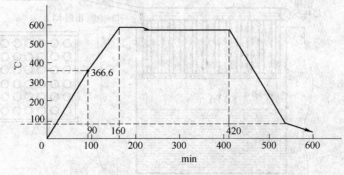

图 4-4　均质工艺图

D　锯切

（1）根据挤压生产工艺中规定的铝棒长度进行锯切，其长度偏差不大于 5mm。

（2）调整好定尺，铸锭头不小于 50mm；铸锭浇口部不小于 60mm。

（3）每炉次取低倍显微镜分析，在距离铝棒端头 1mm 左右处取 20mm 长试样，送化验室进行组织结构缺陷检查。

（4）按炉号锯切，不同炉次的铝棒不能混装同一框。

（5）对锯切的铝棒进行自检，凡不符内控质量标准应选出来报废。

4.1.4　熔铸注意事项

（1）熔炼前炉料都必须进行：炉料表面清理，炉料预热 350 ~ 450℃，2 ~ 4h。所有与铝合金接触的工具都必须进行清理，然后预热到 150 ~ 250℃喷刷涂料（25% ~ 30%氧化锌 + 3% ~ 5%水玻璃及水），然后在 300 ~ 650℃温度下充分干燥、方可使用。

（2）在熔炼过程中，在铝液表面撒熔剂，使铝液与炉气隔离，减少合金的吸气和氧化的作用。

（3）温度要控制：温度过高，加大合金中各种元素的氧化烧损，引起合金中化学成分的变化；温度过低，会使合金的化学成分不均匀，合金中的氧化夹杂物、气体等不易排出，6063 铝合金的熔炼温度控制在 750 ~ 760℃之间为佳。

（4）操作要迅速，以减少合金吸气和氧化夹杂，降低合金元素的烧损，避免对合金化学成分的影响。

（5）扒渣前应先向熔体上均匀撒入造渣剂，以使熔渣与金属分离，有利于扒渣，可以少带出金属。扒渣要求平稳，防止渣卷入熔体内。扒渣要彻底，因浮渣的存在会增加熔体的含气量，并弄脏金属。

（6）镁元素应在实际配料时多加炉料质量的 0.02% ~ 0.03%，才能保证铸件的化学成分。先加 Si，然后加 Mg。

（7）在取样之前和调整成分之后应有足够的时间进行搅拌。搅拌要平稳，不破坏熔体表面氧化膜。调整成分：确保 Mg_2Si 比例（Mg/Si）= 1.73，若 Mg 含量过剩，合金抗蚀性好，但强度与成形性较低；若 Si 含量过剩，合金强度高，但成形性较低，抗晶间腐蚀倾向稍好。

（8）精炼温度一般控制在 730～750℃。

（9）变质后，合金液静置 8～15min 应及时浇注。

（10）浇注铸造要求及时连续，要确保中间不能停电，冷却水温控制在 40℃内、水压 1MPa 左右为好，整炉铝水要一次全部浇注完毕。在保证铸件不产生浇不足的情况下，应尽可能采用低的浇注温度，浇注温度一般不超过 730℃。合理设计浇注系统，使金属液能够平稳充型。

（11）浇注成型的铝棒要进行均质化处理，使铝棒组织细化，便于挤压生产。

任务4.2 变形铝合金的挤压生产

【任务描述】

通过理论讲授和企业现场实践，根据所生产型材材质、牌号及结构等特点，制定挤压生产各主要工序的操作流程和热挤压工艺参数，同时能够辨别挤压型材的缺陷并制定防止措施。在此过程中学习相关知识与实际操作技能。

【学习目标】

（1）掌握变形铝合金的挤压工艺，能够制定挤压工艺参数；

（2）掌握变形铝合金的生产工艺流程以及了解各工序的操作规程；

（3）能够识别铝合金型材的挤压缺陷，并能及时制定防止措施。

4.2.1 挤压的基本知识

用冲头或凸模对放置在凹模中的坯料加压，使之产生塑性流动，从而获得相应于模具的型孔或凹凸模形状的制件的锻压方法，称为挤压。挤压时，坯料产生三向压应力，即使是塑性较低的坯料，也可被挤压成形。挤压，特别是冷挤压，材料利用率高，材料的组织和机械性能得到改善，操作简单，生产率高，可制作长杆、深孔、薄壁、异型断面的零件，是重要的少无切削加工工艺。挤压是用于金属成型的重要方法。

挤压，根据材料流出模孔的方向与挤压杆运动方向分为正向挤压和反向挤压；根据制品特征，分为实心挤压（如棒、实心型材）和空心挤压（如管、空心型材）；根据挤压力的传输介质，分为油压挤压和水压挤压；根据材料的受力情况，分为普通挤压和静液挤压；根据模孔和制品根数，分为单孔模挤压和多孔模挤压；根据挤压轴安放的方式，分为卧式挤压和立式挤压；根据动作的连续性与否，分为间断挤压和连续挤压。

挤压的三个阶段为：

（1）填充挤压阶段——充填、挤压上升。

（2）平流挤压阶段——金属流动平稳而不交错，挤压力随锭坯长度的减少而直线下降。

（3）紊流挤压阶段——锭坯外层金属及两个难变形区（靠近挤压垫及模子角落处的

金属也向模孔流动，形成"挤压缩尾"，挤压力又开始上升，此时应结束挤压操作）。

4.2.2　挤压工艺流程

型材挤压工艺流程图见图 4-5。

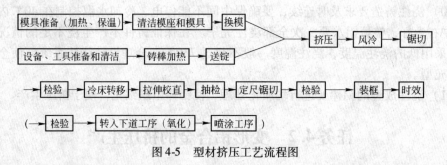

图 4-5　型材挤压工艺流程图

4.2.2.1　挤压工艺参数

A　铝棒加热温度

挤压最重要的问题是金属温度的控制，从铝棒开始加热到挤压型材的淬火都要保证可溶解的相组织不从固溶中析出或呈现小颗粒的弥散析出。

6063 合金铝棒加热温度一般都设定在 Mg_2Si 析出的温度范围内，加热的时间对 Mg_2Si 的析出有重要的影响，采用快速加热可以大大减少可能析出的时间。一般来说，对 6063 合金铸锭的加热温度可设定为：未均匀化铸锭，460～520℃；均匀化铸锭，430～480℃。

B　挤压速度

挤压过程中，必须严格控制挤压速度。挤压速度对变形热效应、变形均匀性、再结晶和固溶过程、制品力学性能及制品表面质量均有重要影响。

挤压速度过快，制品表面会出现麻点、裂纹等倾向。同时挤压速度过快增加了金属变形的不均匀性。挤压时的流出速度取决于合金种类和型材的几何形状、尺寸和表面状况。6063 合金型材挤压速度（金属的流出速度）可选为 20～100m/min。

为了提高生产效率，在工艺上可以采取很多措施。当采用感应加热时，沿铸锭长度方向上存在着温度梯度 40～60℃（梯度加热），挤压时高温端朝挤压模，低温端朝挤压垫，以平衡一部分变形热；也有采用水冷模挤压的，即在模子后端通水强制冷却，试验证明可以提高挤压速度30%～50%。

C　挤压比

轻金属挤压比 λ 值范围为 8～60，纯金属与软金属允许的值较大，硬金属较小；挤压型材时，λ = 10～45；挤压棒材时，λ = 10～25。特殊情况时，挤压比可超出上述范围。

D　其他挤压工艺

挤压生产时，一般盛锭筒温度为 420～430℃；模具温度为 420～470℃。

4.2.2.2　铝型材挤压加工全过程

铝合金的挤压过程，实际上是从产品设计就开始了的，因为产品的设计要基于给定的使用要求，使用要求决定了产品的许多最终参数。如产品的机械加工性能、表面处理性能以及使用环境要求，这些性能和要求就决定了被挤压铝合金种类的选择。而同一种铝合金挤压出来的铝型材的性能，则取决于产品的设计形状。而产品的形状决定了挤压模具的形状。设计的问题一旦解决了，则实际的挤压过程就是从挤压用铝铸棒开始。铝铸棒在挤压前必须加热使其软化，加热好的铝铸棒放入挤压机的盛锭筒内，然后由大功率的油压缸推动挤压杆，挤压杆的前端有挤压垫，这样被加热变软的铝合金在挤压垫的强大压力作用下从模具精密成型孔挤出成型，即生产所需要产品的形状。这就是模具的作用。

以上是对现在使用最为广泛的直接挤压过程的简单描述。间接挤压是一个相似过程，但是也有些非常重要的不同之处。在直接挤压过程中，模具是不动的，由挤压杆推动铝合金通过模具孔。在间接挤压过程中，模具被安装在中空的挤压杆上，使模具向不动的铝棒坯进行挤压，迫使铝合金通过模具向中空的挤压杆挤出。

挤压过程实际上类似于挤牙膏，当压力作用于牙膏封闭端时，圆柱状的牙膏就从圆形的开口处被挤出来。如果开口是扁平的，则挤压出来的牙膏就呈带状了。当然，复杂的形状也能在相同形状的开口处被挤出来。例如，蛋糕师使用特殊形状的管子挤压冰淇淋来做各种修饰花边，他们所做的其实就是挤压成型。虽然你不能用牙膏或冰淇淋生产很多很有用的产品，你也不能用手指就将铝合金挤压成铝管。但是你能依靠大功率的液压机将铝合金从一定形状的模孔处挤压出来生产种类繁多、很有用的几乎任何形状的产品。

直接挤压生产过程如图 4-6 所示，该图表示了挤压铝型材的基本流程。

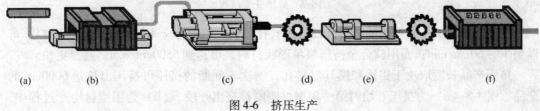

(a)　　　　　(b)　　　　　　　　　(c)　　　　　(d)　　　(e)　　　　　　(f)

图 4-6　挤压生产

(a) 铝棒；(b) 加热炉；(c) 挤压机和模具；(d) 锯切；(e) 拉直；(f) 时效炉

A　挤压

铝棒是挤压过程的坯料，挤压用铝棒可以是实心也可以是空心的，通常是圆柱体，长度由挤压盛锭筒决定。铝棒通常是通过铸造成型，也有的锻造或粉末锻压成型。通常是由调好合金成分的铝合金棒材锯切而成。铝合金通常由不止一种金属元素组成，挤压铝合金是由微量（通常不超过 5%）元素（如：铜、镁、硅、锰或锌）组成，这些合金元素提高了纯铝的性能和影响了挤压过程。

各个厂家的铝棒长度都不一致，是由于铝型材最终所需长度、挤压比、出料长度以及挤压余量来决定。标准的长度一般从 660 ~ 1830mm；外径范围从 76 ~ 838mm，155 ~ 228mm。

当最终产品的形状确定好，选择好了合适的铝合金，挤压模具制造已经完成，实际挤压过程的准备工作就完成了。然后预热铝棒和挤压工具。在挤压过程中，铝棒本来是固态的，但是在加热炉中已经变软。铝合金熔点约为 660℃。挤压加工过程典型的加热温度一般高 375℃，并取决于金属的挤压状况，有时可高达 500℃。

实际的挤压过程始于当挤压杆开始对盛锭筒内的铝棒施加压力时。不同的液压机所设计的挤压力大小从 10 ~ 15MN，几乎什么范围都有。这个挤压力就决定了挤压机能生产的挤压产品大小。挤压产品规格由产品的最大的横截面尺寸来表示的，有时也指产品的外接圆直径。

当挤压刚刚开始，铝棒受到模具的反作用力而变短、变粗，直到铝棒的膨胀受到盛锭筒筒壁制约；然后，当压力继续增加，柔软的（仍然是固体）金属没有地方可流，开始从模具的成型孔被挤压到模具的另一端出来，就形成了型材。

大约有 10% 的铝棒（包括铝棒表皮）被剩余在盛锭筒内，挤压产品从模具处切下来，剩余在盛锭筒的金属也被清理回收利用。当产品离开模具后，后面的工序是，热的挤压产品被淬火、机械处理和时效。

当加热的铝通过盛锭筒从模具挤出来时，铝棒中心的金属流动要快于边缘。如图 4-7中的黑色带纹所示，边缘的金属被留在后面当做残余回收利用。

图 4-7　挤压变形过程

挤压速度取决于被挤压的合金和模具出料孔形状，用硬合金来挤压复杂形状材料，可慢到 30 ~ 60cm/min；而用软合金挤压简单形状材料，可达到 5500cm/min，甚至更快。

挤压产品长度取决于铝棒和模具出料孔，一次不间断的挤压可挤压出长达 6000cm 的产品。图 4-8（a）为挤压开始时第一根型材刚刚被挤出一段，（b）为铝型材生产过程中。最新的成型挤压，当挤压出来的产品离开挤压机时被放置在滑出台上（相当于输送带），根据合金的不同，挤压出来的产品冷却方式：分为自然冷却、空气冷却或水冷却淬火。这是确保产品时效后金相性能关键的一步。然后挤压产品被转移到冷床上。

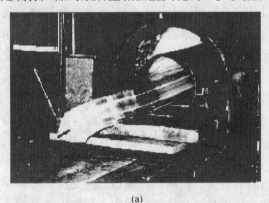 

(a)　　　　　　　　　　　　　　　　(b)

图 4-8　挤压机出料图

B　拉直
挤压产品淬火（冷却）后，用拉伸机或矫直机来进行调直和矫正扭拧（拉伸也被分类为挤压后的冷加工），最后由输送装置将产品送往锯切机。

C 锯切

典型的成品锯切是将产品锯切为特定的商用长度。圆盘锯是当今使用最为广泛的，如同旋臂锯机垂直将挤压出来的长料锯开。也有锯从型材上方切下来（如电动斜切锯）。也有用锯台的，锯台是带有圆盘锯片由下往上升起将产品锯切的，然后锯片再回到台面底部进行下一循环。

典型的成品圆盘锯，直径一般为 400 ~ 500mm，带有 100 多个硬质合金齿。大尺寸的锯片用于大直径的挤压机。

自润滑锯切机装备有向锯齿输送润滑剂的系统，这样可以保证最佳的锯切效率和锯口表面。

自动装置压料装置将型材固定好以便锯切，而锯切碎屑被收集起来回收利用。

D 时效

一些挤压产品需要通过时效以达到最佳强度，因此也称为时效硬化。自然时效在室温下进行；人工时效则在时效炉内进行。

当坯料从挤压机挤出时，型材呈半固态状态。但是当其冷却或淬火（无论空冷或水冷）时，很快成为固态。非热处理强化铝合金（如加入镁或锰的铝合金）通过自然时效和冷加工获得强度。可热处理强化铝合金（如加铜、锌、镁 + 硅的铝合金）通过影响合金金相结构的热处理可获得更好的强度和硬度。

另外，时效可使强化相粒子均匀析出，以获得最大的屈服强度、硬度以及特殊合金的弹性。

4.2.3 挤压注意事项

挤压注意事项为：

（1）上述三温和压力是热挤压关键，一定要保证在设定范围内。

（2）每次生产前，必须清理盛锭筒一次。

（3）注意保持压杆、挤压垫、铝棒滚道的清洁。

（4）中断锯料时，注意轻压且锯与料同步前进，防止压弯型材。

（5）拉伸前要确认型材的长度，再预定拉伸率。拉伸时，两端的夹持方向要一致。尾夹头夹好后，主夹头才能拉伸。当型材冷却至 50℃ 以下时，才能拉伸型材。

（6）定尺锯切时，锯口应整齐，无严重的变形和毛刺。料口应修整均匀、平整。

（7）质量检查项目：外形尺寸，基材壁厚，平面间隙，扭拧度，弯曲度等。

（8）时效：目的是使产品硬度、强度达到产品标准。时效要求温度 200 ~ 220℃，保温 2h，时效后铝材韦氏硬度在 8 以上。

（9）挤压模具的设计、使用、维护。

模具设计要合理，保证均匀出料，挤出型材表面要平滑。使用模具时，模具内腔要清理干净，无杂质。模具加热温度要控制合理，温度高会导致模具退火；温度低则铝料挤不出来。使用后的模具要及时清理、修模、氮化，延长模具的使用寿命。

4.2.4 铝型材的挤压缺陷

在铝型材的挤压生产中，常见的缺陷是比较直观的，如弯曲、扭拧、变形、夹渣等。

而"吸附颗粒"的缺陷，不仔细观察或手摸较难发现。其危害是：在电泳、喷涂型材的生产流程中，很难去除掉，影响型材的表面质量，造成废品。因此，要在挤压生产实践中不断地观察分析，总结缺陷的成因，及时采取措施，以减少或杜绝这种缺陷的出现。

4.2.4.1　"吸附颗粒"

A　"吸附颗粒"的表现及对产品质量的影响

目前铝型材表面处理的方式越来越多，除一般的氧化型材外，电泳型材、喷涂型材、氟碳喷涂型材、木纹烤漆型材等相继出现。"吸附颗粒"的缺陷，对一般氧化型材影响不大，但对其他的处理形式影响较大，主要是有碍这些型材表面观瞻。在挤压生产中，挤出型材会"吸附颗粒"，经过仔细观察或用手在型材表面上滑动，都会发现。在锯切装筐工序，用风吹或擦拭，大部分的小颗粒可以去掉。但还是有一部分由于静电原因仍吸附在型材表面上。经时效处理后，这些颗粒更加紧密粘附在型材表面。在型材表面预处理工序，由于槽液浓度的影响，有颗粒的可以去除掉，但在型材表面会形成小麻坑；有的去除不掉，形成凸起。此问题在电泳和喷涂型材的生产中经常出现。

B　"吸附颗粒"的形成原因

a　模具的影响

在挤压生产中，模具是在高温高压的状态下工作的，受压力和温度的影响，模具产生弹性变形。模具工作带由开始平行于挤压方向，受到压力后，工作带变形成为喇叭状，只有工作带的刃口部分接触型材形成的粘铝，类似于车刀的刀屑瘤。在形成粘铝的过程中，不断有颗粒被型材带出，粘附在型材表面上，造成了"吸附颗粒"。随着粘铝的不断增大，模具产生瞬间回弹，就会形成咬痕缺陷。若粘铝堆积较多，不能被型材拉出，模具瞬间回弹时粘铝不脱落，就会形成型材的表面粗糙、亮条、型材撕裂、堵模等问题，模具的粘铝现象见图 4-9。目前使用的挤压模具基本是平面模，在铸棒不剥皮的情况下，铸棒表面及内在的杂质堆积在模具内金属流动的死区。随着挤压铸棒的推进及挤压根数的增多，死区的杂质也在不断地变化，有一部分被正常流动的金属带出，堆积在工作带变形后的空间内；有的被型材拉脱，形成了"吸附颗粒"。因此，模具是造成"吸附颗粒"的关键因素。

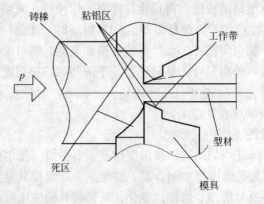

图 4-9　粘铝区示意图

b　挤压工艺的影响

挤压工艺参数的选择正确与否也是影响"吸附颗粒"多少的重要因素。经过现场观察，挤压温度、挤压速度过高，"吸附颗粒"就越多，原因是由于温度高、速度快，型材流动速度增加，模具变形的程度增加，金属的流动加快，金属的变形抗力相对减弱，更易形成粘铝现象。对大的挤压系数来说，金属的变形抗力相对增加了，死区相对增大，提高了形成粘铝的条件，形成"吸附颗粒"的概率增加。铸棒加热温度与模具温度之差过大，也易造成粘铝问题，甚至堵模。工模具表面的粗糙度、工作带表面的硬度等，也是造成粘铝、形成"吸附颗粒"的原因之一。

　　c　铸棒质量的影响

　　铸棒质量是影响铝型材表面及挤压成型的重要因素。"吸附颗粒"的成因与铸棒质量有很大关系。铸棒的组织缺陷常见的有夹渣、疏松、晶粒粗大、偏析、光亮晶粒等。夹渣是混入铸棒的熔渣、氧化皮或其他杂质，也叫夹杂。低倍试片上一般呈现形状不规则的黑洞，凹陷于基体，是一些不同颜色、无定形的松软组织，破坏了铸棒的连续性。在挤压过程中，夹渣极易从基体中分离出来，通过模具的工作带时，粘附在入口端，形成粘铝，并不断被流动的金属拉出，形成"吸附颗粒"；疏松是在晶界及枝晶网络出现的宏观和微观的分散性缩孔，低倍试片上呈不规则的黑色针孔状小点，在枝晶间呈三角形孔洞，断口组织不致密；严重的疏松往往伴有气孔、夹渣等，在挤压生产中很难与金属焊合，从而以形成粘铝现象；晶粒粗大是当熔体金属过热或铸造温度过高时，在铸棒中易出现的粗大晶粒组织，并伴有晶间裂纹，使金属不连续，在挤压生产中，也易产生粘铝问题；偏析是在铸棒表面凝结的易熔析出物，也称偏析瘤，是易熔组成物渗出后凝结在铸棒表面而成的，在挤压生产中，聚集在模具金属流动的死区，随着挤压铸棒根数的增多，被挤出或被流动的型材拉出，形成"吸附颗粒"。所有这些铸棒缺陷有一个共同点，就是与铸棒基体焊合不好，造成了基体流动的不连续性，这是形成"吸附颗粒"的重要因素。

　　C　减少和防止"吸附颗粒"的措施

　　a　模具设计、制造、使用中应注意的问题

　　(1) 模具的设计必须满足刚度、强度的计算要求，以达到减少模具在受压时的弹性变形量。在确定工作带时，工作带的长短、空刀形式、模颈及焊合室形式等，都要考虑选择参数最佳值。模具的导流孔、分流孔等系数的选择，在允许范围内尽量选较大值，达到减小压力的目的。

　　(2) 模具在制造过程中，要减少制造误差，避免尖角的存在。对金属流动的摩擦表面，要光滑过渡，尽量减少凸凹不平的过渡区域。确保模孔尺寸偏差的一致性。

　　(3) 模具在使用时，一定要加装和选用合适的模垫、支撑垫。

　　(4) 模具都要经过氮化处理后方可上机，以减少粘铝的问题。

　　(5) 修模、光模时，要注意工作带的平行、表面粗糙度以及组合模装配的配合尺寸，把紧螺栓。

　　b　选择合适的挤压参数

　　根据挤压系数、型材断面情况、模具情况、设备情况等，选择最佳的挤压温度、铸棒加热温度、模具温度以及挤压速度，并在生产过程中不断调整这些参数。这些都是消除或减少"吸附颗粒"的主要措施。

　　c　提高铸棒的质量

　　在铸棒的铸造过程中，采用细化晶粒工艺，采取有效的技术措施减少铸棒的夹渣、疏松、晶粒粗大等缺陷，对铸棒进行均匀化处理，都是减少和消除"吸附颗粒"的有效措施。另外，加强对铸棒的低倍组织分析，进行质量监控，减少有缺陷铸棒的投入使用，也是减少和消除"吸附颗粒"的有效手段。

4.2.4.2　机械性能不合格

A　主要原因

（1）挤压时温度过低，挤压速度太慢，型材在挤压机的出口温度达不到固溶温度，起不到固溶强化作用；

（2）型材出口处风机少，风量不够，导致冷却速度慢，不能使型材在最短的时间内降到 200℃ 以下，使粗大的 Mg_2Si 过早析出，从而使固溶相减少，影响了型材热处理后的机械性能；

（3）铸锭成分不合格，铸锭中的 Mg、Si 含量达不到标准要求；

（4）铸锭未均匀化处理，使铸锭组织中析出的 Mg_2Si 相无法在挤压的较短时间内重新固溶，造成固溶不充分而影响了产品性能；

（5）时效工艺不当、热风循环不畅或热电偶安装位置不正确，导致时效不充分或过时效。

B　解决办法

（1）合理控制挤压温度和挤压速度，使型材在挤压机的出口温度保持在最低固溶温度以上；

（2）强化风冷条件，有条件的工厂可安装雾化冷却装置，以期达到 6063 合金冷却梯度的最低要求；

（3）加强铸锭的质量管理；

（4）对铸锭进行均匀化处理；

（5）合理确定时效工艺，正确安装热电偶，正确摆放型材以保证热风循环通畅。

4.2.4.3　几何尺寸超差

A　主要原因

（1）由于模具设计不合理或制造有误、挤压工艺不当、模具与挤压筒不对中、不合理润滑等，导致金属流动中各点流速相差过大，从而产生内应力，致使型材变形；

（2）由于牵引力过大或拉伸矫直量过大，导致型材尺寸超差。

B　解决办法

（1）合理设计模具，保证模具精度；

（2）正确执行挤压工艺，合理设定挤压温度和挤压速度；

（3）保证设备的对中性；

（4）采用适中的牵引力，严格控制型材的拉伸矫直量。

4.2.4.4　挤压波纹

挤压波纹是指在挤压型材表面出现的类似于水波纹的情况，抚摸时一般无手感，在光的作用下表现明显。

A　主要原因

（1）牵引机发生周期性上下跳动，使型材表面发生局部弯折；

（2）模具设计不合理，工作带在挤压力作用下发生颤动导致型材出现波纹。

B　解决办法

（1）保证牵引机运行平稳；

（2）合理设计模具结构。

4.2.4.5　麻面

麻面是指在型材表面出现的密度不等、带有拖尾、非常细小的瘤状物，手感明显，有尖刺的感觉。

A　主要原因

由于铸锭中的夹杂物或模具工作带上粘有金属或杂物，在挤压时被高温高压的铝夹带着脱落，在型材表面形成麻面。

B　解决办法

（1）适当降低挤压速度，采用合理的挤压温度和模具温度；

（2）严格控制铸锭质量，降低铸锭中的夹杂物含量，对铸锭进行均匀化处理；

（3）加强修模质量管理。

4.2.4.6　黑斑

型材阳极氧化后局部出现近似圆形的黑灰色斑点，在型材纵向贴摆床的面上等距离分布，大小不一。

A　主要原因

由于挤压机出口处风冷量不够，导致铝材在较高温度下接触摆床，接触部位的冷却速度与其他位置不同，有粗大的 Mg_2Si 相析出，在阳极氧化处理后该部位变为黑灰色。

B　解决办法

（1）加强风冷强度，避免摆床上型材的间隔过小，保证风冷的温度梯度；

（2）有条件的工厂应采用雾化水冷与风冷相结合的方法，可完全消除黑斑。

4.2.4.7　条纹

挤压型材的条纹缺陷种类比较多，形成因素也较复杂，这里仅就一些常见条纹的产生原因及解决方法加以论述。

A　摩擦纹

模具每次光模上机挤压后，纹路都不能一一对应，有轻有重。

a　主要原因

在挤压过程中，型材流出模孔的瞬间与工作带紧紧地靠在一起，构成一对热状态下的干摩擦副，且将工作带分成两个区——黏着区和滑动区。在黏着区内，金属质点受到至少来自两个方面的力的作用：摩擦力和剪切力。当黏着区内金属质点所受摩擦力大于剪切力时，金属质点就会黏附在黏着区工作带表面上，将型材表面擦伤而形成摩擦纹。

b　解决办法

(1) 调整模具工作带出口角 α，使其在 $1° \sim 3°$ 范围内，这样可降低工作带黏着区高度，减小该区的摩擦力，增大滑动区；

(2) 进行高效的模具氮化处理，使模具表面硬度保持在 HV900 以上；工作带表面渗硫可降低黏着区摩擦力，减少摩擦纹。

B　组织条纹

a　主要原因

铸锭铸造组织不均匀，成分偏析，铸锭表皮下存在较严重的缺陷，铸锭的均匀化处理不充分等，在随后的挤压过程中导致型材表面成分不均匀，从而使型材氧化后的着色能力不相同，形成组织条纹。

b　解决办法

(1) 合理执行铸造工艺，消除或减轻组织偏析；

(2) 铸锭表面车皮，通过机加工使其表面干净；

(3) 认真进行铸锭均匀化处理。

C　金属亮纹

在氧化白料中表现为发亮，大多数情况下为笔直条状且宽度不定，在氧化着色料中该条纹呈浅色条状。

a　主要原因

由于金属流动出现摩擦或变形极其剧烈时，金属局部温度会上升很高，另外金属流动不均匀也会导致晶粒发生剧烈破碎，然后发生再结晶，致使该处组织发生变化，在随后的氧化处理中导致型材表面出现纵向的亮条纹，着色处理中致使型材着不上色或呈现浅色条纹。

b　解决办法

(1) 合理设计模具结构；

(2) 模具加工要注意工作带的过渡，防止出现工作带落差；

(3) 保证模桥呈水滴形，消除棱角。

D　焊合条纹

焊合条纹又称焊缝，笔直通长，在氧化白料中多呈现浅灰色，着色料中多显浅色。

a　主要原因

(1) 模具分流孔设计过小；

(2) 焊合室深度不够，不能保证有足够的压力；

(3) 挤压时模具焊合室内铝料供应不足；

(4) 挤压工艺不合理，润滑不当。

b　解决办法

(1) 合理设计模具结构；

(2) 注意挤压温度和挤压速度的协调；

(3) 尽量减少润滑或不润滑。

E　裂纹

裂纹是挤压时，型材受到拉应力作用而在表面形成程度不同的金属横向撕裂现象。

a　主要原因

（1）由于摩擦力的原因使金属表层受到附加拉应力的作用，当附加拉应力大于表层金属抗拉强度时，就会产生裂纹；

（2）挤压温度过高，金属表层抗拉强度下降，在摩擦力作用下产生裂纹；

（3）挤压速度过快时，金属表层所受的附加拉应力增加使型材产生裂纹。

b　解决办法

严格控制挤压工艺参数，以保证合理的出口速度和出口温度。

F　波浪、扭拧、弯曲

波浪、扭拧、弯曲是由于金属流动不均匀造成的型材外形缺陷。

a　主要原因

（1）模具工作带设计不合理，导致金属流动不均匀；

（2）挤压速度过快或挤压温度过高，导致金属流动不均匀；

（3）模具型孔布局不合理，造成金属流动不均匀；

（4）导路不合适或未安装导路；

（5）润滑不合理。

b　解决办法

（1）修整模具工作带使金属流动均匀；

（2）采用合理的挤压工艺，在保证出口温度的前提下尽量采用低温挤压；

（3）合理设计模具结构；

（4）配置合适的导路；

（5）合理润滑；

（6）采用牵引机牵引挤压。

G　气泡

型材表层金属与基体金属出现局部连续或断续的分离，表现为圆形或局部连续凸起。

a　主要原因

（1）由于挤压筒经长期使用后尺寸超差，挤压时筒内气体未排除，变形金属表层沿前端弹性区流出而造成气泡；

（2）铸锭表面有沟槽或铸锭组织中有气孔，铸锭在墩粗时包进了气体，挤压时气体进入金属表层；

（3）挤压时，铸锭或模具中带有水分和油污，由于水和油污受热挥发成气体，在高温高压的金属流动中被卷入型材表面形成气泡；

（4）设备排气装置工作不正常；

（5）金属填充过快，造成挤压排气不好。

b　解决办法

（1）合理选择和配备挤压工具，及时检查和更换；

（2）加强铸锭的质量管理，严格控制铸锭的表面质量和含气量；

（3）保证设备的排气系统正常工作；

（4）剪刀、挤压筒和模具应尽量少涂油或不涂油；

（5）合理控制挤压速度，按要求进行排气。

H　石墨压入

沿型材纵向浅表层呈条状半露的孔隙，短的几毫米，长则几厘米或更长。孔隙中主要成分为石墨。

a　主要原因

（1）由于石墨润滑剂中石墨比例过高或石墨没有完全搅拌均匀，有颗粒或块状石墨存在；

（2）石墨润滑剂的涂抹过于接近分流孔或型孔，挤压时这些石墨没有进入挤压（前后端）余料内，而是被高温高压的金属流卷入制品的浅表层形成石墨压入。

b　解决办法

（1）使用优质的润滑剂；

（2）涂抹润滑剂时，要离分流孔或型孔远一些，尽量少使用或不使用润滑剂。

任务 4.3　变形铝合金型材表面涂装

【任务描述】

　　通过理论讲授和企业现场实践，学习变形铝合金型材表面涂装，即阳极氧化、电泳和静电粉末喷涂的操作。在此过程中学习相关知识与实际操作技能。

【教学目标】

　　（1）了解变形铝合金型材表面涂装种类；

　　（2）掌握阳极氧化、电泳和静电粉末喷涂工艺原理和操作。

4.3.1　阳极氧化

阳极氧化又称电解阳极氧化，是一种通过电解化学的工艺提高铝材表面自然保护膜的厚度和坚固性的加工方法。根据工艺的不同，氧化的表面效果会不一样。氧化膜仅次于钻石的硬度。氧化膜是材料本身的一部分，但由于铝材本身的多孔性结构，而允许有第二次的电解氧化过程。

4.3.1.1　阳极氧化原理

阳极氧化法对铝及其合金进行表面处理产生的氧化膜具有装饰效果、防护性能和特殊功能，可以改善铝及其合金导电、导热、耐磨、耐腐蚀以及光学性能等。如图 4-10 所示铝的阳极氧化法是把铝作为阳极，置于硫酸等电解液中，施加阳极电压进行电解，在铝的表面形成一层致密的 Al_2O_3 膜。该膜是由致密的阻碍层和柱状结构的多孔层组成的双层结构。阳极氧化时，氧化膜的形成过程包括膜的电化学生成和膜的化学溶解同时进行的过程。当成膜速度高于溶解速度时，膜才得以形成和成长。通过降低膜的溶解速度，可以提高膜的致密度。氧化膜的性能是由膜孔的致密度决定的。

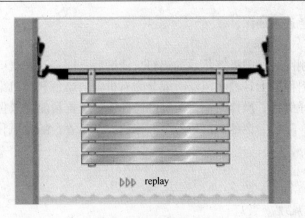

图 4-10　阳极氧化

4.3.1.2　阳极氧化工艺

A　阳极氧化工艺流程

基材—装挂—脱脂—水洗—碱蚀—水洗—中和—水洗—阳极氧化—水洗—电解着色（或染色）—水洗—封孔—水洗—烘干—卸料—检验—包装—入库

B　阳极氧化工艺

（1）脱脂。为了除掉铝型材表面的油污，要求控制好除油时间，以刚好洗净油污为宜。

（2）碱蚀。碱蚀是除掉铝型材表面的自然氧化膜和污物，还可进一步腐蚀出均匀的砂面，在操作时控制好碱蚀的温度和时间，以达到表面光洁或砂面。

（3）中和。中和的目的是除掉铝型材碱洗后残留在表面的黑灰和污物，操作时要求控制好中和时间，以刚好洗净表面灰污为宜。

（4）氧化。在硫酸电解液中，通过阳极氧化的方式使铝型材表面生成一定厚度的氧化膜，操作时要求控制好氧化的温度、电流密度、时间，以生成优质的氧化膜。

（5）着色。在含有金属盐的电解液中，通过交流电解处理使氧化膜着色，要求控制好着色的温度、电压、时间，以达到需要的颜色。

（6）染色。在含有染料或染色盐的溶液中，通过化学作用使氧化膜染上颜色。要求控制好染色的温度和时间，以达到需要的颜色。

（7）封孔。在含有封孔剂的溶液中，通过化学作用对氧化膜的微孔进行封闭并使其化学钝化，从而提高阳极氧化铝型材的耐腐蚀性。要求控制好封孔的温度和时间，以达到封孔效果合格。

（8）水洗。将化学药液清洗干净，防止将前道工序黏附在型材表面的化学药品带入下道工序。水洗要充分，将型材表面的化学药品清洗干净并滴干水分，才能转入下道工序。

C　氧化的方法

目前国内阳极氧化的方法有电解着色氧化、染色氧化、硬质阳极氧化和微弧氧化。

a　电解着色氧化

电解着色氧化是以硫酸一次电解的透明阳极氧化为基础，在含金属盐（单锡盐或锡镍盐）的溶液中用直流或交流电进行电解着色的氧化。型材经氧化后具有耐磨、耐蚀、耐晒和不易褪色等特性。色彩有香槟色、浅古铜、中古铜、深古铜、黑色等，随着氧化时间延长和温度升高，颜色逐渐加深。

　　b　染色氧化

　　染色氧化是将刚刚经过阳极氧化后的铝料，清洗后立即浸渍在含有染料的溶液中，氧化膜孔隙因吸附染料而染上各种颜色。一般分为有机染料染色和无机染料染色。该氧化方法具有上色快、色泽鲜艳、操作简便，可提高防蚀能力、抗污能力及保持美丽的色泽等特点。色彩有青紫色、啡色、金色、抗紫外金、蓝色、红色等，随着氧化时间延长和温度升高，颜色逐渐加深。

4.3.2　电泳

4.3.2.1　电泳原理

　　电泳原理类似电镀。工件放在电解液中，与电解液中另一电极分别接在直流电源两端，构成电解电回路。电解液为导电的水溶性或水乳化的涂料，涂料溶液中已被离解的阳离子在电场力作用下向阴极移动，阴离子向阳极移动。这些带电的树脂离子，连同被吸附的颜料粒子一起电泳到工件表面并失去电荷形成湿的涂层，这一过程称为电泳。图 4-11 为正在进行的电泳操作。

图 4-11　电泳操作

4.3.2.2　电泳工艺

　　电泳工艺见表 4-4。

表 4-4　电泳工艺

序号	工序名称		操作要求	备注
1	前处理	预脱脂	工件在进入电泳槽前，必须无油、无锈、无尘（机械杂质），铬化膜均匀、细粒，p 比大于 85%，铬化膜在电沉积过程中溶出率不大于 8%，膜重在 $1 \sim 3 \, \mathrm{g/m^2}$，滴水电导率不大于 $50 \mu s/cm$	除油不尽：易造成铬化膜不均，发花涂膜花斑，涂装工件缩孔等弊病
2		脱脂		
3		水洗		
4		表调		铬化膜粗糙：易造成电泳涂膜薄、粗糙，甚至无法电泳；铬化膜溶出相应增大，槽液电导率无法控制，施工质量无法保证
5		铬化		
6		循环水洗		
7		纯水洗		

序号	工序名称		操作要求	备注
8	电泳	电泳	按槽液管理参数进行施工	不同电泳槽由于设备条件不同施工参数将有不同
9	后冲洗	后冲洗	第一道循环冲洗水固体分不大于1.5%，第二道循环水洗固体分控制1%以下	水洗固体分不能过高，否则涂膜因返溶使外观变差
10	烘烤	烘干	烘烤条件170℃/20~30min	以工件表面的实际温度为基准

4.3.2.3　电泳的优点

(1) 生产效率高。在各种涂漆方法中，电泳涂漆生产效率最高。只要将工件浸入涂料中，几分钟之内即可完成电泳涂漆过程，故适于大批量生产，且易于实现自动化生产。

(2) 涂层质量好只要设备、工艺正常，电泳漆层表面均匀，漆膜紧密，与工件附着力好，不会出现流痕、不均匀等缺陷。

(3) 节约原材料电泳涂漆，材料利用率一般可达85%以上，比喷漆要节省40%。原材料可得到充分利用。

(4) 劳动条件好。电泳涂漆的电解液溶剂是水，不存在易燃易爆问题，也不污染空气，因此工作环境好。

4.3.3　静电粉末喷涂

4.3.3.1　静电粉末喷涂原理和工艺流程

在喷枪与工件之间形成一个高压电晕放电电场，当粉末粒子由喷枪口喷出经过放电区时，便补集了大量的电子，成为带负电的微粒，在静电吸引的作用下，被吸附到带正电荷的工件上去。当粉末附着到一定厚度时，则会发生"同性相斥"的现象，不能再吸附粉末，从而使各部分的粉层厚度均匀，然后经加温烘烤固化后，粉层流平，成为均匀的膜层。

典型的静电粉末喷涂工艺流程如下：

上件→脱脂→清洗→碱蚀→清洗→中和→清洗→铬化→清洗→烘干→冷却→静电粉末喷涂→固化→冷却→下件

4.3.3.2　静电粉末喷涂主要设备

静电粉末喷涂所需的主要设备有喷涂主机（含高压发生器、喷枪、供粉桶、控制系统一套）、喷室、回收装置、输送系统（含输送链及运货车等）、固化装置（含自动控温装置及通风装置）和空气压缩机（含油水分离系统）等，如图4-12所示。各设备的主要作用及重要参数介绍如下：

A　喷涂主机

喷涂主机包括高压发生器、喷枪、供粉桶和控制系统，如图4-13所示。市场上使用的喷涂主机有的是分散型的，有的则结合在一起。无论采用什么方式，作用是相同的：使粉末涂料雾化均匀，吸附于金属工件表面。高压静电发生器主要作用是产生高压电荷，与

图4-12　静电粉末喷涂主要设备

图4-13　喷枪

零电位的工件产生电位差，形成粉末涂料微粒吸附的主要动力。一般高压发生器输入电压为220V（也有输入24V或36V的）经过多次高频振荡，倍压放大，输出电压可高达50～100kV，但正常条件下（非短路状态）输出电流只有10～20μA，对人体无损伤作用。正常工作时将喷枪高压调整到45～50kV即可使粉末涂料良好吸附（工件悬挂装置应接地良好，$R \leqslant 4\Omega$）。如需二次补喷，电压可调到60～70kV（或预热工件后喷涂），否则不易上粉。

　　喷枪是粉末涂料由供粉桶到达工件的关键部件，枪体必须绝缘性能良好，工作时工件离喷头的距离应保持在120～180mm之间为易，根据不同工件要选择不同的喷粉扩散体固定于枪头上达到雾化均匀。如果距离工件太近，易短路打火，造成涂层表面有击穿点，影响涂装效果；距离太远，不易吸附上粉。喷涂时一定要保持枪与工件平面垂直，前后移动速度均匀，速度为0.1m/s左右，上下间距不留空当，不过喷和漏喷。输粉管路一般长3～5m，高压电缆线应绝缘良好，不可相互对接。生产过程中操作工应穿导电鞋，禁止下垫绝缘板操作。

供粉桶是影响粉末喷涂过程中出粉量及雾化的主要设备。一般市场上多采用流化沸腾式供粉桶，生产前一般要装入粉末涂料达桶容积的三分之二，调整沸腾气压（又叫流化气压）一般在 0.05~0.08MPa，调整供粉气压 0.08~0.12MPa，使供粉量一般在 80~150g/min 之间（根据工人熟练程度和工件形状及难易吸附而定）。如果在供粉桶中添加回收粉，一定要过 180 目的筛后添加，添加比例按一份回收粉和三份新粉混合为易。停产时一定要将供粉桶中粉末涂料清理干净，防止粉末受潮或微孔板受潮堵塞。控制系统主要包括电磁阀和减压阀等，通过枪柄开关控制供粉量及空气的通和断。

B　喷室

喷室是使工件在其内接受表面涂装的主要设备，要求其高低及开口易于工件进出及生产工人的操作，开口越少越好。

C　回收装置

目前市场上的回收装置一般有两种，老式的传统回收分一级回收和二级回收；一级回收即旋风式回收，通过旋风除尘器回收，在底部会留下大量回收粉，把含粉的空气排入二次回收装置。二次回收装置由滤袋和振打装置组成，把空气通过滤袋壁排出，超细粉（只有很少量，约占 2%~5%）留在滤袋底部。老式回收装置存在占地面积大，清理及换粉困难的不足之处。

新式回收装置是在老式回收装置的基础上改进而成的。把二次回收和一次回收反过来使用，将含粉的空气抽到滤袋或滤芯壁上，抽走空气，留下回收粉（留到了喷室内），每隔 2~3min 靠反脉冲装置形成气流反吹并在几秒中完成，使吸附于滤袋或滤芯上的粉末震落到喷室中，然后重复起初的工作状态。脉冲反吹时，几个滤芯交替进行，才不会使粉尘外溢。目前的滤芯大都用纸做成，外涂有机树脂，表面光滑，不易粘粉。滤纸强度大，透气性好，外有金属网保护，可长期使用。

无论采取何种方式回收，均必须保证室内粉尘不外溢为宗旨，一般喷室内应形成 0.05~0.09MPa 的负压，喷室开口处空气流速应控制在 0.5~0.6m/s，才能达到这一目的。

D　输送系统

输送系统主要包括输送链和运货车等。大型自动化喷涂生产线采用悬挂式输送链较多，直接将工件送到喷室，喷涂完成后直接送到固化炉内，操作工人只负责挂货、卸货。这类输送链要求调好电动机转速，达到固化时间 20min，同时在喷涂时有足够的时间。输送链润滑良好，传输平稳，是保证有良好涂层的关键。同时必须采用耐高温润滑剂（二硫化钼或耐高温钙基润滑脂）。小型生产线常采用手动操作，喷涂后挂于运货小车上推入固化炉。此时运货小车要求运输平稳，推动方便，高低适合于悬挂工件即可。

E　固化装置

目前静电粉末喷涂采用的固化装置从结构上分有窑洞式和隧道式两种。隧道式固化炉适宜于批量大、品种固定而单一的产品。配备自动输送链，产量大，能耗高，适宜于连续式不间断生产；而窑洞式固化炉正好与此相反，故很受中小型个体企业喜爱。从热能源上又分为燃油式、燃煤式、电热式。燃油式及燃煤式烤箱控温不精确，但生产成本低。燃煤式烤箱成本约是电热式的十分之一，只适合于个体企业的涂装工件，自动化程度低；燃油式烤箱一次性投资设备较贵重，需要燃油器、散热管等。电热式固化炉由于易控温而被广泛使用。电热式加温的加温源分为电阻丝、远红外碳化硅板、石英加热管、低碳钢加热管等。采用远红外加温要比传统的电阻丝加温节省能源，缩短加热时间，降低生产成本，因而更受欢迎。

目前为了节省能源，降低生产成本，固化炉中用电阻丝加温已逐渐减少，广泛采用红外线或远红外线加温措施。采用碳化硅远红外加热板，加热迅速，但一般每块板功率都在 1～2kW，热量太集中，易出现局部烤黄观象；因电负荷大，接线头常易烧断。碳化硅板反复升温、降温易破裂，且升温滞后，热容量较大；石英远红外电热管热量不集中，升温迅速，自身热容量小，恒温断电后缓冲能力低，外观透明，便于观察工作状况及时维修，但易破碎是最大的不足，应十分注意工件掉下砸伤引起短路连电的可能性，必须有保护网；低碳钢远红外加热管热容量较石英管大，前期升温较石英管缓慢，恒温断电后缓冲能力比石英管大，恒温周期长，自身强度好，在市场上有广泛的应用。

一般静电粉末涂料要求在 $180 \pm 5℃$ 的环境中，固化 20min 才能达到充分固化的目的。固化炉中为了保持温度均匀，一般还要有热风循环装置。热风循环装置一般应该在固化炉中温度高于 150℃ 时才开始启动。固化炉一般配有自动控温仪、自动计时仪和到时报警装置（通过式固化炉只配有自动恒温装置，靠输送链运行速度确定固化时间）。对于厚壁工件或铸铁工件，由于其热容量大，必须适当升高固化温度才能达到正常的固化效果（铸铁件一般在预热至 200℃，喷塑固化时采用 190～210℃ 左右，约 30min 的固化条件）。

F　空气压缩机

空压机是产生压缩空气的设备。双枪喷涂要选择气量为 $0.76m^3/min$ 或更大的空压机。产生的压缩空气输出气压以 0.4～0.6MPa 为宜，要求必须有空气净化系统（又名油水分离器）。非常洁净的空气是保证涂料均匀雾化、涂层优良的重要一环。

4.3.3.3　影响粉末静电喷涂质量的主要因素

粉末静电喷涂中，影响喷涂质量的因素除了工件表面前处理质量的好坏以外，还有喷涂时间、喷枪的形式、喷涂电压、喷粉量、粉末电导率、粉末粒度、粉末和空气混合物的速度梯度等。

（1）粉末的电阻率。粉末的电阻率在 1010～1016Ω/cm 较为理想，电阻率过低，易产生粉末相互排斥进而分散；电阻率过高，会使粉末带电性差，喷涂上粉差，会影响涂层厚度。

（2）喷粉量。在喷涂开始阶段，喷粉量的大小对膜厚有一定的影响，一般喷粉量小，沉积率高。喷粉量一般控制在 50～1000g/min 范围内。

（3）粉末和空气混合物的速度和梯度。速度梯度是喷枪出口处的粉末空气混合物的速度与喷涂距离之比，在一定喷涂时间内，随着喷涂梯度的增大，膜厚将减小。

（4）喷涂距离。喷涂距离是控制膜层厚度的一个主要参数，一般控制在距工件 10～25cm，多由喷枪形式来决定。

（5）喷涂时间。喷涂时间与喷涂电压、喷涂距离、喷涂量等几项参数是相互影响的。当喷涂时间增加或喷涂距离很大时，喷涂电压对膜厚极限值的影响减小。随着喷粉时间的增加，喷粉量对膜厚的增长率的影响显著减小。

（6）固化温度和时间。必须按工艺要求严格控制固化温度和时间，否则固化后的工件一定是不合格品。

思考与练习

4-1 变形铝合金熔铸过程中应注意哪些问题?

4-2 型材挤压工艺参数有哪些? 生产6030牌号的型材时,其工艺参数如何制定?

4-3 挤压过程中应注意哪些问题?

4-4 铝合金型材表面涂装有哪些方法?

4-5 静电粉末喷涂过程应注意哪些方面?

4-6 如何避免氧化、喷涂缺陷?

4-7 变形铝合金型材常见的挤压缺陷有哪些,如何防止?

参 考 文 献

［1］宁建文，王皓，我国精铝的生产现状及发展趋势［J］. 轻金属，2012 年第 1 期，第 3-6 页.

［2］符岩，张晓明，孙中祺，等，偏析法净化原铝的研究［J］. 东北大学学报（自然科学版），2001 年 4 月，第 22 卷第 2 期，第 136-139 页.

［3］杨光辉，精铝及铝精炼［J］. 山西冶金，2005 年第 2 期，总 98 期，第 60-63 页.

［4］颜非亚，程然. 铝精炼法［J］. 重庆工学院学报，2003 年 12 月，第 17 卷第 6 期，第 32-35 页.

［5］黄乃瑜. 消失模铸造原理及质量控制［M］. 武汉：华中科技大学出版社，2004.

［6］黄天佑. 消失模铸造技术［M］. 北京：机械工业出版社，2004.

［7］崔春芳，邓宏运，等. 消失模铸造技术及应用实例［M］. 北京：机械工业出版社，2007.

［8］潘宪曾. 压铸工艺与模具［M］. 北京：电子工业出版社，2006.

［9］林伯年. 特种铸造［M］. 杭州：浙江大学出版社，2008.

［10］中国机械工程学会铸造分会. 特种铸造［M］. 北京：机械工业出版社，2003.

［11］朱祖芳. 铝型材表面处理技术发展之过去和未来十年［J］. 电镀与涂饰，2002 年 02 期.

［12］邓志伟. 提高铝型材表面质量的机械扫纹法［J］. 电镀与精饰，2003 年 01 期.

［13］闫淑芳. Al-Si-Cu-Mg 合金半固态变形特征及成形模拟的研究［D］. 内蒙古工业大学，2005.

［14］高爱华. 6063 铝型材斑点腐蚀的机理与改善措施探讨［J］. 热加工工艺，2011 年 08 期.

［15］张建新，高爱华. 热处理对 6063 铝合金组织性能的影响［J］. 热加工工艺，2011 年 10 期.

［16］钟宇，熊计，杨启平，等. 成分控制对 6063 合金挤压性能的影响［J］. 特种铸造及有色合金，2009 年 04 期.

冶金工业出版社部分图书推荐

书　名	作　者	定价（元）
冶金热工基础（本科教材）	朱光俊　主编	30.00
金属学与热处理（本科教材）	陈惠芬　主编	39.00
金属塑性成形原理（本科教材）	徐　春　主编	28.00
金属压力加工原理（本科教材）	魏立群　主编	26.00
金属压力加工工艺学（本科教材）	柳谋渊　主编	46.00
钢材的控制轧制与控制冷却（第2版）（本科教材）	王有铭　等编	32.00
型钢孔型设计（本科教材）	胡　彬　等编	45.00
轧制测试技术（本科教材）	宋美娟　主编	28.00
加热炉（第3版）（本科教材）	蔡乔方　主编	32.00
材料成形实验技术（本科教材）	胡灶福　等编	18.00
轧钢厂设计原理（本科教材）	阳　辉　主编	46.00
金属压力加工概论（第2版）（本科教材）	李生智　主编	29.00
金属压力加工原理及工艺实验教程（本科教材）	魏立群　主编	28.00
金属压力加工实习与实训教程（本科教材）	阳　辉　主编	26.00
冶金企业环境保护（本科教材）	马红周　等编	23.00
金属材料及热处理（高职高专教材）	王悦祥　主编	35.00
塑性变形与轧制原理（高职高专教材）	袁志学　主编	27.00
冷轧带钢生产（高职高专教材）	夏翠莉　主编	41.00
金属热处理生产技术（高职高专教材）	张文莉　等编	35.00
金属塑性加工生产技术（高职高专教材）	胡　新　等编	32.00
金属材料热加工技术（高职高专教材）	甄丽萍　主编	26.00
材料成型检测技术（高职高专教材）	云　璐　等编	18.00
轧钢工理论培训教程（职业技能培训教材）	任蜀焱　主编	49.00
铝合金无缝管生产原理与工艺	邓小民　著	60.00